Christo Ananth

Segmentação de Fígado e Tumor em Imagens de TAC

Christo Ananth

Segmentação de Fígado e Tumor em Imagens de TAC

ScienciaScripts

Cover image: www.ingimage.com

This book is a translation from the original published under ISBN 978-620-2-05335-8.

Publisher:
Sciencia Scripts
is a trademark of
Dodo Books Indian Ocean Ltd. and OmniScriptum S.R.L publishing group

120 High Road, East Finchley, London, N2 9ED, United Kingdom
Str. Armeneasca 28/1, office 1, Chisinau MD-2012, Republic of Moldova, Europe
Printed at: see last page
ISBN: 978-620-7-73906-6

ÍNDICE

RESUMO

A imagiologia médica é atualmente uma ferramenta importante para o diagnóstico e o planeamento de tratamentos. É apresentado um novo método proposto de estruturas de processamento totalmente automático baseado em algoritmos de contorno ativo com corte de gráficos geodésicos. É definido um predicado para medir a evidência de um limite entre duas regiões utilizando a representação da imagem baseada em gráficos geodésicos. O algoritmo é aplicado à segmentação de imagens utilizando dois tipos diferentes de vizinhanças locais na construção do gráfico. O principal problema da abordagem Graph-Cut é a seleção incorrecta da região do fígado com uma coloração semelhante aos rabiscos do utilizador, que é identificada como uma região tumoral. Os resultados podem ser melhorados utilizando a nova técnica proposta baseada no método de corte de gráficos geodésicos.

Este sistema concentrou-se em encontrar um método de segmentação rápido e interativo para a segmentação de fígado e tumores. Na fase de pré-processamento, o processo da imagem CT é realizado com um filtro de deslocamento médio e um método de limiarização estatística para reduzir a área de processamento e melhorar a taxa de deteção. A segunda fase é a segmentação do fígado; a região do fígado foi segmentada utilizando o algoritmo do método proposto. Na fase seguinte, a segmentação do tumor também seguiu os mesmos passos. Finalmente, as regiões do fígado e do tumor são segmentadas separadamente a partir da imagem de tomografia computorizada.

RECONHECIMENTO

Em primeiro lugar, agradeço sinceramente ao nosso Reitor e Diretor Regional, **Dr. V. SUNDARESWARAN,** Centro Regional da Universidade de Anna, Tirunelveli, por todos os seus esforços e administração para nos educar.

Com grande privilégio, estendo os meus sinceros e sentidos agradecimentos à **Sra. S.SUJA PRIYADHARSINI M.E.,** Chefe do Departamento, pelas sugestões válidas, conselhos e apoio durante o período do meu projeto.

Agradeço sinceramente ao meu supervisor, **Sr. K. GOKULAKRISHNAN M.E.,** que me inspirou e dedicou tempo para que este projeto se tornasse um grande sucesso. O seu encorajamento e o seu envolvimento total ajudaram-me a concluir com êxito o meu projeto.

Agradeço sinceramente a todos os membros do corpo docente do meu departamento pela sua ajuda durante o meu trabalho de projeto. Agradeço aos meus colegas de turma e assistentes de laboratório que me apoiaram manual e moralmente durante os meus esforços.

Agradeço também aos meus familiares e amigos o seu apoio moral e as suas fervorosas orações.

LISTA DE ABREVIATURAS

ABBREVIATION	EXPANSION
CAD	Computer Aided Diagnosis
CT	Computed Tomography
DSC	Dice Similarity Coefficient
ELP	Estimated Liver Position
FNR	False negative Ratio
FPR	False Positive Ratio
GC	Graph Cut Approach
GT	Ground Truth
GVF	Gradient Vector Flow
HU	Hounsfield units
LP	Linear Programming
LSA	Liver Segmentation Accuracy
MSCT	Multi-Slice Spiral Computed Tomography
PDE	Partial Differential Equations
PT	Processing time
QMF	Quadrature Mirror Filter
RW	Random Walker Approach

CAPÍTULO - 1

INTRODUÇÃO

1.1 GERAL

O cancro do fígado é uma das doenças oncológicas mais terríveis e causa uma grande quantidade de mortes todos os anos. O cancro do fígado é uma das doenças malignas internas mais comuns em todo o mundo. O carcinoma hepatocelular é comum na Ásia e as metástases são comuns no Ocidente. Entre os tipos de cancro predominantes, o cancro do fígado ocupa o quarto lugar e é uma causa crescente de morte no mundo. Todos os anos, são diagnosticados milhões de novos doentes com cancro primário do fígado, dos quais cerca de 60% morreram em 2002. A taxa de mortalidade do cancro do fígado aumentou nos últimos 5 anos. De acordo com as estatísticas de 2008, só no Reino Unido, mais de 3390 pessoas foram diagnosticadas com cancro do fígado. Em 2010, o número de diagnósticos aumentou para 4 241, dos quais 3789 morreram de cancro do fígado. Por conseguinte, a intervenção no fígado é um dos domínios mais exigentes da cirurgia. No entanto, o tratamento dos tumores hepáticos primários e malignos depende da extensão espacial da doença no fígado, bem como fora dele, e das condições gerais de saúde do doente. O planeamento cirúrgico pré-operatório individual para ressecções de tumores no fígado requer a segmentação do tecido hepático. A segmentação fiável da imagem é essencial para a previsão correcta das regiões de circulação sanguínea. Os métodos semi-automáticos podem reduzir o tempo de interação do utilizador para a segmentação.

No entanto, na rotina clínica, é desejável utilizar métodos automáticos. Os modelos estatísticos de formas 3D são promissores para a segmentação robusta e automática de imagens médicas. Quando não é possível identificar um tumor fora do fígado, o tratamento local é mais adequado, uma vez que provoca menos efeitos secundários. No caso de um tumor maligno, o cirurgião tem de escolher entre diferentes tratamentos locais: radioterapia, ressecção hepática, crioablação e ablação por radiofrequência. O planeamento de uma intervenção hepática representa sempre um desafio para o cirurgião, mesmo com o rápido aumento dos conhecimentos sobre a anatomia e a patologia do fígado dos doentes e a disponibilidade de ajudas tecnológicas para o procedimento cirúrgico. De facto, as decisões médicas raramente são tomadas sem a utilização de tecnologia de imagem - incluindo tomografia computorizada (TC), ressonância magnética (RM) e ultra-sons (US). Os progressos alcançados nestas técnicas permitem a deteção de tumores mais pequenos do que no passado, permitindo assim um diagnóstico e tratamento mais precoces. Por conseguinte, o sucesso das intervenções hepáticas modernas e futuras depende também de software capaz de ajudar os profissionais - no que diz respeito, por exemplo, ao diagnóstico assistido por computador, ao planeamento cirúrgico e à simulação. Qualquer tipo de tratamento local do fígado (cirúrgico ou não) requer a mesma informação: uma segmentação fina da superfície do fígado, tamanho e localização precisos dos tumores, topografia exacta dos vasos hepáticos e relações espaciais relativas entre estes tecidos. Para enfrentar este desafio, a segmentação do fígado tem sido amplamente abordada na literatura nas últimas décadas e continua a ser um campo em crescimento com problemas de investigação em aberto.

O cancro do fígado é uma das doenças malignas mais difundidas em todo o mundo e uma hepatectomia parcial é frequentemente o único tratamento curativo para os doentes. Como a doença hepática é uma das doenças malignas internas mais comuns e também uma das principais causas de morte, a intervenção no fígado torna-se um dos domínios mais exigentes da cirurgia. O tratamento das doenças malignas do fígado visa a destruição completa ou a remoção de todos os tumores com uma margem de segurança suficiente, ao mesmo tempo que as estruturas anatómicas críticas para a vida devem ser salvas. O transplante hepático, que consiste na substituição de um fígado doente por um aloenxerto hepático saudável, surgiu nas últimas décadas como uma opção cirúrgica fundamental para os doentes com doença hepática em fase terminal e insuficiência hepática aguda. É também um dos tratamentos mais dispendiosos da medicina moderna. Para que o transplante seja bem sucedido, é necessário efetuar numerosas anastomoses e suturas, bem como muitas desconexões e reconexões de tecido abdominal e hepático. Um sistema intra-operatório guiado por imagem facilitaria muito este procedimento por duas razões: 1. A ressecção radical deixaria uma massa hepática insuficiente, conduzindo à insuficiência hepática; 2. o volume de perda de sangue operatório afecta significativamente a mortalidade e a morbilidade pós-operatórias O cancro do fígado é uma das causas de morte mais fatais em todo o mundo. A cirurgia hepática para o tratamento de tumores hepáticos, incluindo o transplante, requer informação sobre o volume do fígado. A volumetria do fígado é normalmente efectuada através do traçado manual dos limites do fígado em imagens de TC. Existe uma grande variação do tamanho do fígado entre pacientes e os órgãos próximos têm valores de intensidade muito semelhantes aos do fígado. Além disso, o efeito de volume parcial faz com que o limite do fígado seja ambíguo.

O cancro do fígado é também uma das principais causas de morte. Atualmente, o diagnóstico confirmado amplamente utilizado para o cancro do fígado é a biopsia por agulha. A biópsia por agulha, no entanto, é uma técnica invasiva e geralmente não recomendada As pessoas diagnosticadas com cancro do fígado ainda apresentam uma baixa taxa de sobrevivência. Está entre os tipos mais frequentes de doenças cancerígenas, sendo responsável pela morte de 600.000 pacientes em todo o mundo somente em 2001. A incidência de metástases hepáticas é ainda maior, uma vez que muitos tipos de cancro comuns, como o cancro colorrectal, do pulmão e da mama, tendem a metastizar para o fígado. De facto, em 2002, um milhão de doentes em todo o mundo foram diagnosticados com um cancro primariamente do fígado e mais de 60% não sobreviveram. O tumor cerebral cobre um espaço no interior do crânio, o que provoca uma perturbação da atividade cerebral normal. Pode aumentar a pressão no cérebro, deslocar o cérebro ou empurrá-lo contra o crânio, e/ou invadir e danificar os nervos e o tecido cerebral saudável. A localização de um tumor cerebral influencia o tipo de sintomas que ocorrem. Identificar a presença de um tumor cerebral é o primeiro passo para determinar o curso do tratamento. A identificação de um tumor cerebral envolve geralmente um exame neurológico, exames ao cérebro e/ou uma análise do tecido cerebral. Os médicos utilizam a informação de diagnóstico para classificar o tumor do menos agressivo (benigno) para o mais agressivo (maligno). A identificação do tipo de tumor ajuda os médicos a determinar o tratamento mais adequado.

1.2 NECESSIDADE DO ESTUDO

Existem várias técnicas para segmentar uma imagem em regiões homogéneas. O desenvolvimento destas tecnologias de imagem é o primeiro passo para melhorar a precisão do diagnóstico e a qualidade de vida dos doentes. A extração do fígado a partir de imagens de TC hepáticas é um desafio porque o fígado confina frequentemente com outros órgãos de densidade semelhante. A tomografia computorizada (TC) é provavelmente a tecnologia de imagem médica mais amplamente adoptada, baseada na transmissão de raios X, que permite, através de técnicas de processamento de imagem, obter imagens de secções transversais 2-D e, em seguida, a partir de uma pilha de cortes 2-D, uma reconstrução 3-D do órgão. A tomografia computorizada (TC) e a ressonância magnética (RM) foram identificadas como modalidades de imagem não invasivas precisas para o diagnóstico do cancro do fígado. Estas imagens médicas são interpretadas por radiologistas. No entanto, a interpretação de imagens por seres humanos é muitas vezes limitada devido aos padrões de pesquisa não sistemáticos dos próprios, à presença de ruído estrutural na imagem e à apresentação de estados de doença complexos que exigem a integração de uma grande quantidade de dados de imagem e de informações clínicas. Uma vez que o fígado pode estender-se por mais de 150 cortes numa imagem de TC e conter até dezenas de lesões, a segmentação manual é fastidiosa e consome um tempo proibitivo num contexto clínico.

Existem muitas abordagens para a segmentação de imagens, tais como a limiarização de características, técnicas baseadas em contornos, técnicas baseadas em regiões, agrupamento e correspondência de modelos. Cada uma destas abordagens tem as suas vantagens e desvantagens em termos de aplicabilidade, adequação, desempenho e custo computacional. Em particular, ninguém que não tenha considerado as características acima referidas da imagem de TAC abdominal pode obter resultados desejáveis na segmentação do fígado. Além disso, o método tradicional de obter o volume do fígado consiste em efetuar uma segmentação 2D manual de cortes transversais paralelos de TC e multiplicar todos os voxels dos cortes empilhados pelo seu tamanho, embora o procedimento seja frequentemente moroso e não sistemático.

A segmentação de imagens é frequentemente descrita como o processo de separação de uma imagem em regiões de interesse - objeto e fundo - geralmente orientado por estatísticas regionais que envolvem valores de imagem. No entanto, por vezes, o cálculo direto dessas estatísticas sobre os valores da imagem não é suficiente para discriminar as regiões. Em alguns casos importantes, a imagem pode ser transformada numa forma mais rica em informação para produzir características discriminatórias latentes. A segmentação de imagens consiste na separação de uma imagem em diferentes regiões e é um dos problemas mais estudados no processamento de imagens. Existem três categorias principais de segmentação: métodos totalmente automáticos, métodos semi-automáticos e métodos (quase) totalmente manuais. A estrutura aqui proposta enquadra-se na categoria semi-automática.

Em particular, a segmentação é obtida depois de o utilizador ter fornecido rabiscos grosseiros que rotulam as regiões de interesse. Este tipo de intervenção do utilizador pode ajudar a segmentar imagens particularmente difíceis. Além disso, é muitas vezes imperativo marcar as regiões de interesse, que dependem completamente do utilizador e da aplicação. Por exemplo, o utilizador pode estar interessado em separar um objeto selecionado (primeiro plano) do resto da imagem (fundo), independentemente da complexidade desse fundo. Para a segmentação de imagens, foram utilizados vários algoritmos muito inspiradores e pioneiros do tipo segmentação assistida pelo utilizador.

1.2.1 Método de ajuste de nível

O método Level-set proposto para a colorização de desenhos animados inicializa uma curva no rabisco fornecido pelo utilizador e evolui-a até encontrar os limites da região de interesse. A velocidade da frente móvel depende das características locais e das propriedades globais da imagem. O algoritmo de segmentação foi apresentado com base no pressuposto de que se um pixel é uma combinação linear dos seus vizinhos, então a sua etiqueta será a mesma combinação linear das etiquetas dos seus vizinhos. A segmentação de imagens e vídeos naturais é um dos problemas mais fundamentais e desafiantes no processamento de imagens. Uma das suas aplicações consiste em extrair o objeto em primeiro plano (ou objeto de interesse) do fundo desordenado e, por exemplo, compô-lo num novo fundo sem artefactos visuais.

No caso de imagens complexas, bem como de aplicações subjectivas, pode haver mais do que uma interpretação do primeiro plano ou dos objectos de interesse (na ausência de conhecimentos de nível superior), o que torna a tarefa mal colocada e ambígua. É então muitas vezes imperativo incorporar no processo alguma intervenção do utilizador, que codifique informação prévia. Especificamente, o utilizador pode desenhar rabiscos grosseiros que identifiquem as regiões de interesse e, em seguida, a imagem/vídeo é automaticamente segmentada. É permitido ao utilizador adicionar mais rabiscos para obter o resultado ideal, embora, obviamente, o objetivo seja minimizar ao máximo o esforço do utilizador.

Intimamente ligado à segmentação de objectos de interesse, o emparelhamento de imagens e vídeos refere-se ao processo de reconstrução dos componentes de primeiro plano/plano de fundo e do valor alfa (transparência) de cada pixel. Isto é importante para aplicações como a extração de fios de cabelo ou margens desfocadas, bem como para a composição.

A segmentação de imagens tem sido frequentemente definida como o problema da localização de regiões de uma imagem relativamente ao conteúdo (por exemplo, homogeneidade da imagem). No entanto, as abordagens recentes de segmentação de imagens têm fornecido métodos interactivos que definem implicitamente o problema da segmentação relativamente a uma tarefa específica de localização de conteúdos. Esta abordagem à segmentação de imagens requer que o utilizador (ou o pré-processador) oriente o algoritmo de segmentação para definir o conteúdo desejado a extrair. Um algoritmo de segmentação interativo prático deve ter quatro qualidades: 1) Computação rápida, 2) Edição rápida, 3) Capacidade de produzir uma segmentação arbitrária com interação suficiente, 4) Segmentações intuitivas. Os algoritmos requerem geralmente a solução de um sistema de equações lineares esparso, simétrico, positivo-definido, que pode ser resolvido rapidamente através de uma variedade de métodos. O algoritmo pode efetuar uma edição rápida utilizando a solução anterior como inicialização de um solucionador matricial iterativo. Uma segmentação arbitrária pode também ser conseguida através de interação suficiente com o utilizador.

1.2.2 Tensor de estrutura

O tensor de estrutura foi introduzido para esta análise de textura como um cálculo local rápido que fornece uma medida da presença de arestas e da sua orientação. As escamas de lagarto e de rocha têm uma intensidade semelhante: Por exemplo, a RMN com tensor de difusão pode ser representada desta forma a partir da direção da difusão da água em cada pixel. Neste caso, as estruturas cerebrais, como os feixes nervosos, compreendem regiões de tensores orientados de forma semelhante à medida que a água se difunde ao longo das fibras. Foram propostos vários métodos de segmentação de tensores, incluindo os trabalhos recentes que se centram em técnicas variacionais, como os contornos activos. A técnica básica envolve a minimização iterativa de uma energia definida sobre as estatísticas das regiões, com energias mais baixas correspondendo a regiões mais bem separadas. Uma abordagem variacional padrão consiste em aproximar as regiões como tendo distribuições gaussianas. A energia é definida como uma medida da semelhança entre duas distribuições Gaussianas, por exemplo, o rácio de verosimilhança, e a segmentação prossegue para separar essas distribuições com contornos activos.

De um modo geral, os requisitos dos algoritmos de segmentação de imagens são os seguintes 1. Deve basear-se em funções de distância ponderada (geodésicas), resolvendo assim uma equação geométrica de Hamilton-Jacobi de primeira ordem em tempo linear computacionalmente ótimo. Isto torna a estrutura proposta natural para o processamento interativo de imagens e vídeos pelo utilizador.

2. Deverá produzir resultados muito bons e de última geração, com muito poucos rabiscos fornecidos pelo utilizador e atributos muito simples que definem os pesos no cálculo da distância.

São frequentemente utilizados rabiscos grosseiros para imagens fixas (um para o primeiro plano e outro para o fundo) e rabiscos de um fotograma a cada 70 ou mais para vídeos. 3. Deve aplicar-se a uma grande classe de dados naturais e, uma vez que evita a aprendizagem fora de linha, não se limita a classes pré-observadas e classificadas e à disponibilidade de dados de referência e de dados segmentados à mão. 4. Deve lidar com o fundo dinâmico do vídeo, bem como com o cruzamento de objectos de interesse. 5. O quadro deve ser geral, de modo a que atributos adicionais possam ser naturalmente incluídos nos pesos das distâncias geodésicas, se tal for necessário para um determinado tipo de dados.

1.2.3 Algoritmos de segmentação supervisionada

Os algoritmos de segmentação supervisionada funcionam normalmente segundo um de dois paradigmas de orientação: 1) Especificação de partes da fronteira do objeto desejado ou de uma fronteira completa próxima que evolui para a fronteira desejada, 2) Especificação de um pequeno conjunto de pixels pertencentes ao objeto desejado e (possivelmente) um conjunto de pixels pertencentes ao fundo. Qualquer um dos algoritmos de segmentação automática pode ser considerado supervisionado pela seleção subsequente pelo utilizador do segmento desejado. No entanto, se o objeto desejado não for um segmento completo, deve ser utilizado um algoritmo de agrupamento/segmentação secundário para dividir ou fundir os segmentos automáticos. O algoritmo de tesoura inteligente trata a imagem como um gráfico em que cada pixel está associado a um nó e é imposta uma estrutura de conetividade. Esta técnica requer que o utilizador coloque pontos ao longo dos limites do objeto desejado.

Os algoritmos de segmentação supervisionada produzem naturalmente resultados satisfatórios para a segmentação de imagens. A bacia hidrográfica de uma função (vista como uma superfície topográfica) é composta pelos locais a partir dos quais uma gota de água pode fluir em direção a diferentes mínimos. A estrutura que permite a formalização e a prova desta afirmação é a das florestas de abrangência óptimas em relação aos mínimos. Para efeitos de segmentação de imagens com sementes, o gradiente da imagem pode ser considerado como um mapa de relevo e, em vez disso

Para obter a segmentação da imagem em regiões desejadas, as sementes podem ser colocadas pelo utilizador ou encontradas automaticamente. Um algoritmo de floresta de extensão máxima (mínima) (MSF) calcula árvores que abrangem todos os nós do gráfico, estando cada árvore ligada a exatamente um componente de semente ligado, e sendo o peso do conjunto de árvores máximo (mínimo). As bacias hidrográficas são amplamente utilizadas na segmentação de imagens porque existem numerosos e eficientes algoritmos que são fáceis de implementar. No entanto, os resultados da segmentação a partir de bacias hidrográficas podem sofrer de fugas e degenerescência da solução nos planaltos da função peso.

A rotulagem produzida pelo algoritmo de cortes de grafos (GC) é determinada pela procura do corte mínimo entre as sementes de primeiro plano e de fundo através de um cálculo de fluxo máximo. O trabalho original sobre GC para segmentação interactiva de imagens foi subsequentemente alargado por vários grupos para empregar diferentes características ou interfaces de utilizador. Embora a CG seja relativamente recente, a utilização de superfícies mínimas na segmentação tem sido um tema comum na visão por computador desde há muito tempo e outras interfaces de utilizador baseadas em limites foram anteriormente utilizadas. Duas preocupações na literatura sobre o algoritmo GC original são o erro de metrificação ("bloqueios") e o enviesamento da contração. O erro de metrificação foi abordado em trabalhos posteriores sobre a CG através da inclusão de arestas adicionais, da utilização de fluxos máximos contínuos ou da variação total. Estes métodos para resolver o erro de metrificação ultrapassam com êxito o problema, mas podem implicar maiores custos de memória e de tempo de cálculo do que a aplicação do fluxo máximo numa rede com 4 ligações. A tendência de encolhimento pode causar segmentos de objectos demasiado pequenos porque o GC minimiza o comprimento dos limites. Embora tenham sido propostas algumas técnicas para lidar com a tendência de encolhimento, todas elas requerem parâmetros ou cálculos adicionais.

O algoritmo do caminhante aleatório (RW) também é formulado num grafo ponderado e determina rótulos para os nós não-semeados, atribuindo o pixel à semente para a qual é mais provável que envie um caminhante aleatório. Este algoritmo também pode ser interpretado como a atribuição dos pixels não rotulados às sementes para as quais existe uma distância de difusão mínima, como um algoritmo de aprendizagem por transdução semi-supervisionado ou como uma versão interactiva de cortes normalizados. Adicionalmente, os algoritmos populares de matização de imagens baseados na minimização quadrática com a matriz Laplaciana podem ser interpretados como empregando a mesma abordagem para agrupar píxeis, embora com estratégias diferentes para determinar a função de ponderação de arestas. As distâncias de difusão evitam a fuga de segmentação e o enviesamento de encolhimento, mas o limite de segmentação pode ser mais fortemente afetado pela localização da semente do que com os cortes gráficos.

O algoritmo do caminho mais curto atribui a cada pixel a etiqueta de primeiro plano se existir um caminho mais curto desse pixel para uma semente de primeiro plano do que para qualquer semente de fundo, em que os caminhos são ponderados pelo conteúdo da imagem da mesma forma que nas abordagens GC e RW. Esta abordagem foi recentemente popularizada, mas surgiram variantes desta ideia noutras fontes. A principal vantagem deste algoritmo é a velocidade e a prevenção de um enviesamento de encolhimento. No entanto, apresenta uma maior dependência das localizações das sementes do que a abordagem RW, é mais provável que haja fugas através de fronteiras fracas (uma vez que um único caminho bom é suficiente para a conetividade) e apresenta artefactos de metrificação numa rede com 4 ligações. Todos os modelos acima podem ser considerados como abordando energias compostas apenas por termos de energia unários e pares (binários). No entanto, a literatura recente descobriu que a adição de termos de energia definidos em cliques de ordem superior pode ajudar a melhorar o desempenho numa variedade de tarefas. Embora os cliques de ordem superior não sejam abordados, uma construção equivalente de termos de pares tem registado progressos recentes. Apesar da recente popularidade das energias definidas em cliques de ordem superior, os termos de pares (e as bacias hidrográficas) continuam a ser utilizados na literatura sobre visão por computador e qualquer melhoria destes modelos pode ter um grande impacto.

A regularização é de importância central para a segmentação e pintura de imagens. A introdução de regularizadores de ordem superior nas respectivas abordagens de minimização de energia é conhecida por dar origem a desafios computacionais substanciais. Algumas das abordagens mais poderosas à segmentação de imagens baseiam-se em integrais de região com termos de regularidade definidos nos limites da região. Embora muitos desses métodos utilizem o comprimento como termo de regularidade, apenas alguns utilizam a regularidade da curvatura. Isto contrasta com as experiências psicofísicas sobre o preenchimento de contornos, em que a curvatura foi identificada como uma parte vital da perceção humana.

A regularização do comprimento tornou-se um paradigma estabelecido porque existem muitos algoritmos poderosos para calcular soluções óptimas para energias regularizadas pelo comprimento, quer usando abordagens discretas da teoria dos grafos baseadas na dualidade min-cut/max-flow, quer usando abordagens contínuas baseadas em EDPs usando relaxamento convexo e

teoremas de limiarização. As variações modernas dos algoritmos de segmentação interactiva são essencialmente construídas a partir de um pequeno conjunto de algoritmos principais - cortes de grafos, random walker e caminhos mais curtos, que serão revistos em breve. Recentemente, estes três algoritmos foram todos colocados num quadro comum que lhes permite serem vistos como instâncias de um algoritmo de segmentação semeado mais geral com diferentes escolhas de um parâmetro q.

1.2.4 Imagiologia médica computorizada

A análise computorizada de imagens médicas tem como objetivo detetar e delinear estruturas anatómicas para o planeamento e diagnóstico cirúrgicos, o que aumentaria substancialmente a segurança e as taxas de sucesso da cirurgia. Recentemente, tem ganho mais atenção e tem-se tornado cada vez mais útil para os médicos tomarem decisões pré-operatórias para o diagnóstico do cancro do fígado e para o transplante de fígado. Além disso, as imagens de TC, graças à sua elevada resolução, têm sido largamente utilizadas para o diagnóstico de doenças hepáticas e medições volumétricas para operações médicas, como no caso de ressecção ou transplante. De facto, ferramentas adicionais de análise de imagem, como a visualização em 3D do fígado do doente, podem ajudar os cirurgiões a planear tratamentos adequados. A ressecção cirúrgica de tumores hepáticos continua a ser a primeira escolha para o tratamento curativo de doenças malignas primárias e secundárias do fígado.

A segmentação exacta do tumor do fígado a partir de uma imagem abdominal é um dos passos mais importantes para a medição do volume do fígado, o transplante de fígado e o planeamento do tratamento. Uma vez que a segmentação manual é inconveniente, consome muito tempo e depende em grande medida do operador individual, a segmentação automática é muito mais preferida. A segmentação automática do fígado não só restringe o espaço de pesquisa a áreas relevantes, poupando tempo de computação. Também reduz a complexidade do espaço de características, tornando a tarefa de classificação mais viável e reduzindo o risco de detecções espúrias.

Um ponto fundamental é representado pelos recentes avanços nas técnicas de processamento de imagens, como a segmentação de imagens médicas. De facto, a segmentação do fígado é um passo essencial para a análise de imagens médicas. De facto, deve ser notado como os resultados da segmentação representam muitas vezes uma entrada para sistemas de navegação e visualização 3-D utilizados para visualização, planeamento cirúrgico e terapias de radiação. Apesar da multiplicidade de métodos automáticos e semi-automáticos para a segmentação do fígado, a adoção real de tais abordagens ainda apresenta várias dificuldades práticas. Isso faz com que, na rotina clínica, sejam usualmente empregados delineamentos manuais de contornos hepáticos e tumores em imagens diagnósticas, com conseqüente delineamento de enorme tempo e esforço mental para médicos e operadores experientes, além de uma intrínseca baixa reprodutibilidade.

1.3OBJECTIVO DO ESTUDO

O desenvolvimento de métodos automáticos eficientes é um dos tópicos de investigação mais focados: pode permitir aumentar a produtividade dos radiologistas, um diagnóstico mais objetivo e preciso e resultados quantitativos e qualitativos mais reprodutíveis. Até à data, o problema da segmentação de tecidos continua a ser a delimitação das áreas da imagem que representam diferentes anatomias. Esta continua a ser uma tarefa difícil devido à considerável sobreposição de tecidos moles com forte variação intra-órgão, às grandes variações anatómicas humanas nas formas do fígado e às intensidades de voxel semelhantes de órgãos próximos.

Além disso, a deteção de tumores hepáticos é um desafio porque não são claramente distinguíveis dos tecidos saudáveis devido ao facto de o próprio fígado ser um órgão com um elevado nível de vascularização, o processamento automático de imagens tem um elevado risco de interpretação errada em termos de segmentação de tecidos. Para poder ser explorada clinicamente, a segmentação de tumores hepáticos deve ser capaz de lidar com a variação da forma dos tumores e com a intensidade cinzenta semelhante do parênquima hepático.

Em suma, o objetivo é implementar 2 técnicas de segmentação de fígado e tumores totalmente automáticas (Abordagem de corte de gráfico geodésico e técnicas de corte de gráfico) e a sua avaliação comparativa. Além disso, a melhoria das visualizações 3-D baseadas em TC computorizada permite um diagnóstico preciso dos tumores hepáticos.

1.4ORGANIZAÇÃO DO RELATÓRIO

O Relatório do Projeto está organizado da seguinte forma: O Capítulo 2 trata da Revisão da Literatura do sistema existente. No Capítulo 3, descreve-se a metodologia do método de Inicialização Automática do Fígado e do método de Inicialização Automática do Tumor. Para além disso, são também explicados os passos processuais e as técnicas utilizadas no Algoritmo de Segmentação por Corte de Grafos Geodésicos e no Algoritmo de Segmentação por Corte de Grafos. No Capítulo 4, os resultados experimentais obtidos e a sua discussão são resumidos. Finalmente, o Capítulo 5 conclui este artigo com algumas ideias para melhorias e trabalho futuro.

CAPÍTULO - 2

REVISÃO DA LITERATURA

O sistema existente utilizou métodos automáticos e semi-automáticos para a segmentação do fígado, o que permite delinear manualmente os contornos do fígado e os tumores em imagens de diagnóstico. Mas consome mais tempo e produz intrinsecamente uma baixa reprodutibilidade. Foram envolvidas principalmente 2 abordagens principais. São elas os métodos baseados na intensidade e no modelo. O método baseado na intensidade baseia-se na limiarização e na filtragem morfológica. A abordagem baseada no modelo baseia-se no modelo de contornos activos. Mas aqui não existe uma definição adequada dos passos de processamento e da modalidade e requer uma inicialização manual baseada na base de dados de aprendizagem ou nas interfaces do utilizador. O sistema existente utilizou a segmentação interactiva de imagens através de distâncias ponderadas adaptativas que não consideram explicitamente nem localizam com precisão os limites dos objectos. Além disso, o método de regularidade da curvatura fornece uma técnica de minimização da curvatura para suavizar os limites. Mas não utiliza um componente de borda para localizar as bordas e consome mais tempo. No trabalho anterior, foi utilizada a abordagem Graph-cut, que é explicitamente utilizada na localização de arestas e utilizada como componentes de modelação de regiões. Neste método proposto, foi aplicado o mesmo método de segmentação para o fígado e para as suas estruturas patológicas internas.

Abdel-Massieh.N.H. *et al.* **[1]** analisaram a técnica totalmente automática e eficiente para a segmentação do fígado a partir de imagens de TAC abdominais, que se baseia no Fast Marching para segmentar as regiões do fígado a partir de imagens tomográficas em espiral multi-slice.

O artigo propõe um método totalmente automático para segmentar regiões do fígado a partir de MSCT. Para começar, foram obtidas correlações entre imagens de cortes vizinhos para obter frentes iniciais. De seguida, foi aplicada uma marcha rápida modificada para propagar as frentes até que o critério de paragem fosse satisfeito. As áreas incluídas pelas frentes propagadas eram as regiões do fígado. As regiões hepáticas completas de um caso podiam ser obtidas de cada corte utilizando uma abordagem semelhante, uma a uma.

Este trabalho teve em conta a informação local e global, o que proporcionou uma delimitação exacta do fígado e uma excelente correlação entre as imagens de cortes vizinhos. No entanto, não funciona bem quando os tecidos do fígado têm intensidades diferentes das dos órgãos adjacentes, o que resulta numa estimativa volumétrica e numa visualização 3D do fígado.

Ben-Dan.I. *et al.* **[2]** analisaram o método de segmentação de tumores hepáticos em imagens de TC utilizando métodos probabilísticos que se baseiam no método Chan-Vese (Segmentação baseada na energia) utilizando o teste da razão de verosimilhança da intensidade. Primeiro é criado um histograma inicial e funções de distribuição estatística, e a partir deles é criada uma nova imagem onde, em cada voxel, é anexada uma função ponderada de acordo com a probabilidade do nível de cinzento do voxel. De seguida, é utilizado o método de contorno ativo na nova imagem, em que a evolução do contorno ativo se baseia na minimização das variâncias entre o tumor hepático e a sua vizinhança mais próxima.

Neste caso, é utilizada uma combinação de métodos de análise prévia e de segmentação baseada na energia. A segmentação baseada na energia baseia-se no método dos contornos activos sem arestas e nos contornos activos e na segmentação que utiliza a função geométrica de energia de densidade de probabilidade. Foram desenvolvidos métodos numéricos eficientes para a segmentação de vasos sanguíneos e para a segmentação do fígado.

A técnica de segmentação utilizada produziu resultados melhores e menos sensíveis ao ruído. No entanto, a segmentação dos vasos não é devidamente validada e a partição do fígado não é efectuada corretamente, o que constitui a principal desvantagem.

Boykov.Y. *et al.* [3] analisaram uma solução integral para EDPs de evolução de superfícies através do método geo-cuts que modela fluxos gradientes de contornos e superfícies. Enquanto os métodos variacionais padrão (por exemplo, conjuntos de níveis) calculam o movimento da interface local de forma diferencial, estimando a velocidade do contorno local através de derivadas de energia, as EDPs de evolução da superfície foram resolvidas estimando explicitamente o movimento integral de toda a superfície. Um problema de otimização foi formulado diretamente com base numa caraterização integral do fluxo de gradiente como um movimento infinitesimal da superfície (inteira) que dá a maior diminuição de energia entre todos os movimentos de igual dimensão. Este problema pode ser resolvido de forma eficiente utilizando os recentes avanços nos algoritmos de otimização global de hiper-superfícies. Em particular, foi empregue o método dos geo-cortes, que utiliza ideias da geometria integral para representar superfícies contínuas como cortes em gráficos discretos. O algoritmo de evolução da interface resultante é validado nalguns exemplos 2D e 3D semelhantes a demonstrações típicas de métodos de conjuntos de níveis. Este método pode calcular fluxos de gradiente de hiper-superfícies em relação a uma classe bastante geral de funcionais contínuos e é flexível no que respeita a métricas de distância no espaço de contornos/superfícies.

O algoritmo gera uma sequência atempada de cortes correspondentes ao fluxo de gradiente de um determinado contorno. Este método não é uma nova implementação de métodos de conjuntos de níveis, mas sim um método numérico alternativo para a evolução de interfaces. O nosso método não utiliza qualquer função de conjunto de níveis para representar contornos/superfícies. Em vez disso, utiliza uma representação implícita do contorno/superfície através de geo-cortes. Tal como o método dos conjuntos de níveis, esta abordagem lida com as alterações topológicas da interface em evolução. Foi utilizada uma abordagem integral para resolver uma determinada classe de EDPs de fluxo gradiente. Para tal, foram utilizados métodos eficientes de otimização combinatória num espaço discreto. Vários problemas de otimização definidos em superfícies de espaços contínuos podem ser resolvidos eficientemente por métodos de otimização combinatória discretos. Em contraste com estes trabalhos, o presente documento não se centra na determinação dos óptimos globais das respectivas funções de custo, mas sim na modelação da evolução da descida do gradiente local das abordagens variacionais correspondentes.

Este método era flexível no que respeita à métrica da distância no espaço de contornos/superfícies. No entanto, este método é essencialmente teórico e o mapa de distâncias só pode ser determinado com uma precisão de 0,5 com passos de tempo não controlados.

Grady.L. ***et al.*** **[4]** analisaram a abordagem Random Walker para a segmentação geral de imagens, que se baseia num pequeno conjunto de pixels pré-rotulados. Dado um pequeno número de pixéis com etiquetas definidas pelo utilizador (ou pré-definidas), é possível determinar analítica e rapidamente a probabilidade de um caminhante aleatório, partindo de cada pixel não etiquetado, chegar primeiro a um dos pixéis pré-rotulados. Atribuindo a cada pixel a etiqueta para a qual é calculada a maior probabilidade, pode obter-se uma segmentação de imagem de alta qualidade. As propriedades teóricas deste algoritmo são desenvolvidas juntamente com as correspondentes ligações à teoria do potencial discreto e aos circuitos eléctricos. Este algoritmo é formulado no espaço discreto (i.e., num grafo) usando análogos combinatórios de operadores padrão e princípios da teoria do potencial contínuo, permitindo a sua aplicação em dimensão arbitrária em grafos arbitrários. O algoritmo do caminhante aleatório requer a solução de um sistema esparso, simétrico e positivo-definido de equações lineares que pode ser resolvido rapidamente através de uma variedade de métodos. O algoritmo pode efetuar uma edição rápida utilizando a solução anterior como inicialização de um solucionador de matrizes iterativo. Uma segmentação arbitrária pode também ser conseguida através de interação suficiente com o utilizador. Cada semente especifica uma localização com uma etiqueta definida pelo utilizador. Uma segmentação final pode ser derivada destes K-tuplos, seleccionando para cada pixel o destino mais provável da semente para um caminhante aleatório.

Esta abordagem de Walker aleatório para a segmentação geral de imagens era, em geral, robusta para limites de objectos fracos e tem em conta as escolhas de pré-rotulagem do utilizador. No entanto, consome muito tempo de computação e foi utilizada apenas como solução inicial para um solucionador matricial iterativo.

Lim.S.J. ***et al.*** **[5]** analisaram a segmentação automática do fígado para medição do volume em imagens de TAC, que se baseia num algoritmo de segmentação automática do fígado não supervisionado (abordagens baseadas na região e no contorno). É apresentado um algoritmo de segmentação do fígado não supervisionado com três passos. No pré-processamento, a imagem CT de entrada é simplificada através da estimativa da posição do fígado utilizando um conhecimento prévio sobre a localização do fígado e efectuando um limiar multinível na posição estimada do fígado. O esquema proposto utiliza o filtro morfológico multi-escala recursivamente com etiquetagem e agrupamento de regiões para detetar o intervalo de pesquisa para o contorno deformável. A maioria dos contornos do fígado está posicionada dentro do intervalo de pesquisa. Para efetuar uma segmentação precisa, é produzido o mapa de etiquetas de gradiente, que representa a magnitude do gradiente no intervalo de pesquisa. O algoritmo proposto efectua um contorno deformável no mapa de etiquetas de gradiente utilizando padrões regulares dos limites do fígado. Os resultados experimentais são comparáveis aos do traçado manual efectuado por médicos radiologistas e demonstram ser eficientes.

Este algoritmo de segmentação automática do fígado em imagens de TAC abdominais é uma combinação de abordagens baseadas em regiões e em contornos. O algoritmo explora a filtragem morfológica multiescala e o método de contorno deformável utilizando o algoritmo de pesquisa baseado em rotulagem para resolver estes problemas. A fim de aumentar a robustez do método, é utilizado o ELP, que é composto por pontos de controlo e encaixado no mapa do doente. O ELP permite-nos encontrar um contorno robusto do doente e é utilizado para efetuar uma segmentação adequada do fígado. Principalmente, o fígado é aproximado do músculo e do trato gastrointestinal. Uma vez que os órgãos adjacentes têm valores de intensidade semelhantes aos do fígado, uma abordagem direta de extração do fígado pode extrair limites indesejáveis resultantes dos seus órgãos adjacentes como erros positivos/negativos. Para lidar com o problema, é apresentado um novo esquema de segmentação, que consiste em três fases: simplificação da imagem como pré-processamento, deteção do intervalo de pesquisa utilizando filtragem morfológica multiescala e segmentação baseada em contornos utilizando o algoritmo de pesquisa baseado em rotulagem.

O Gradient-Label Map utilizado neste trabalho proporcionou uma segmentação exacta e o Estimated Liver Position realizou uma segmentação adequada do fígado. No entanto, o método não tem em conta o coeficiente de semelhança de Dice e produziu um erro manual de cerca de 3,2%.

Guillermo Sapiro.G. ***et al.*** **[6]** analisaram um quadro geodésico para a segmentação e o emparelhamento rápidos e interactivos de imagens e vídeos, que é utilizado para a segmentação interactiva de imagens de fígado e de tumores. A técnica baseia-se no cálculo ótimo, em tempo linear, das distâncias geodésicas ponderadas aos rabiscos fornecidos pelo utilizador, a partir dos quais todos os dados são automaticamente segmentados. As ponderações baseiam-se em gradientes espaciais e/ou temporais, sem fluxo ótico explícito ou quaisquer detectores de características avançados e frequentemente dispendiosos do ponto de vista computacional. Estes também podem ser adicionados naturalmente à estrutura proposta, se desejado, sob a forma de pesos nas distâncias geodésicas. Um passo de refinamento localizado segue-se a esta segmentação rápida, a fim de calcular com precisão a função mate correspondente. Restrições adicionais na definição da distância permitem lidar eficientemente com oclusões, tais como pessoas ou objectos que se cruzam numa sequência de vídeo. A apresentação da estrutura é complementada com numerosos e diversos exemplos, incluindo a extração de primeiro plano em movimento a partir de um fundo dinâmico, e comparações com a literatura recente.

Com a ajuda de um algoritmo baseado em geodésicas para a segmentação e o emparelhamento de imagens e vídeos naturais, o trimap de banda estreita é rapidamente gerado a partir de alguns rabiscos. Os objectos que se cruzam no domínio temporal do vídeo são bem tratados. Mas produz um fraco desempenho quando as distribuições se sobrepõem e não existe um termo de regularização no modelo.

Malcolm.J. *et al.* **[7]** analisaram a abordagem Graph cut para a segmentação de imagens no espaço tensorial, que envolveu a segmentação de imagens com valor tensorial através da estrutura Riemanniana natural do tensor. A natureza Riemanniana do espaço tensorial é explicitamente tida em conta ao mapear primeiro os dados para um espaço Euclidiano onde as estimativas de densidade de kernel não paramétricas das distribuições regionais podem ser calculadas a partir de regiões inicializadas pelo utilizador. Estas distribuições são depois utilizadas como priores regionais no cálculo dos pesos das arestas do gráfico. Assim, esta abordagem utiliza a verdadeira variação dos dados do tensor, respeitando a sua estrutura Riemanniana no cálculo das distâncias ao formar distribuições de probabilidade. Para além disso, o modelo não paramétrico generaliza-se a uma distribuição de tensores arbitrária, ao contrário do pressuposto gaussiano utilizado em trabalhos anteriores. A aplicação do problema de segmentação numa estrutura de corte de gráficos produz uma segmentação robusta no que diz respeito à inicialização dos dados testados.

A técnica capta a verdadeira variação do objeto e do fundo. Mas o método pode falhar quando duas texturas diferem apenas na escala e não apresenta um desempenho satisfatório como a técnica GVF.

Protiere.A. *et al.* **[8]** analisaram a abordagem de segmentação interactiva de imagens através de distâncias ponderadas adaptáveis, que é um algoritmo interativo para a segmentação suave de imagens. O utilizador começa por rabiscar diferentes regiões de interesse e, a partir delas, toda a imagem é automaticamente segmentada. Esta segmentação suave é obtida através de um cálculo rápido e de complexidade linear das distâncias ponderadas para os rabiscos fornecidos pelo utilizador. Os pesos adaptativos são obtidos a partir de uma série de filtros de Gabor, e são automaticamente calculados de acordo com a capacidade de cada filtro individual para discriminar entre as regiões de interesse seleccionadas. Para responder aos principais desafios acima mencionados (trabalhar rapidamente e para uma grande classe de imagens), foi apresentada uma abordagem interactiva de segmentação de imagens inspirada no trabalho de colorização, em que o objetivo é adicionar cor (ou outros efeitos especiais) a uma determinada imagem monocromática. Neste trabalho, uma série de rabiscos coloridos foi fornecida numa imagem apenas de luminância e, em seguida, foram utilizadas distâncias geodésicas calculadas a partir do mesmo canal de luminância para calcular a probabilidade de um pixel ser atribuído a um rabisco específico.

Foi proposto um algoritmo semi-automático para a segmentação de imagens naturais, no qual os pesos a utilizar para a distância geodésica foram primeiro generalizados, indo para além de simples gradientes, e permitindo assim tratar dados significativamente mais complicados. O peso fornecido pelo gradiente é substituído por pesos aprendidos automaticamente e adaptados à imagem. Em seguida, as distâncias foram calculadas a partir de cada pixel para os rabiscos (etiquetas de regiões fornecidas pelo utilizador), mantendo o baixo custo computacional do cálculo geodésico. Finalmente, a partir destas distâncias ponderadas, calcula-se a probabilidade de um pixel pertencer à região correspondente a cada rabisco fornecido pelo utilizador. A utilização de cálculos geodésicos rápidos é uma forma muito interessante de efetuar uma segmentação semi-automática a partir de etiquetas fornecidas pelo utilizador. Na sua forma original, este método assume que o gradiente da intensidade (ou cor) é baixo no interior da região de interesse e alto nos limites. Embora existam muitas imagens em que este pressuposto é razoável, falha obviamente, por exemplo, em imagens com texturas. Embora preservando a ideia geral de obter uma segmentação suave através da propagação geodésica das etiquetas fornecidas pelo utilizador, foram utilizados pesos diferentes na definição da distância. Por outras palavras, o termo que representa o gradiente do canal de luminância foi substituído por uma função de ponderação mais elaborada e, em seguida, ainda deriva a segmentação suave através do cálculo geodésico rápido.

Esta técnica permite a ponderação automática de diferentes canais, o que é adaptável a uma vasta gama de imagens. Além disso, esta técnica permite uma maior linearidade temporal e uma melhor rotulagem das imagens. Mas tem uma maior complexidade computacional e não existe uma definição correcta dos pesos adequados, além de não se adequar à modalidade de imagem.

Schoenemann.T. *et al.* [9] analisaram a regularidade da curvatura para a segmentação e pintura de imagens com base em regiões, que é uma técnica de relaxamento de programação linear. Esta abordagem de minimização foi usada para segmentação de imagens por região, independentemente da inicialização. Para minimizar essas energias, foi formulado um programa linear inteiro que estima conjuntamente as regiões e os seus limites. A regularidade da curvatura foi imposta pelos respectivos custos em pares de segmentos de fronteira adjacentes. Ao resolver a relaxação da programação linear associada e a limiarização, a solução obtida é uma solução aproximada para o problema inteiro original. Esta foi a primeira abordagem para impor a regularidade da curvatura em formulações baseadas em regiões de uma forma que é independente da inicialização e permite calcular um limite para a energia óptima. Numa série de experiências sobre segmentação e pintura, as vantagens da regularidade de ordem superior são demonstradas. Além disso, a diferença de optimalidade é inferior a 2% do ótimo global.

A ideia principal é apresentar o problema da segmentação de regiões com regularidade de curvatura como um programa linear inteiro (ILP). Ao resolver a sua relaxação LP e ao limitar a solução, obtém-se uma solução para o problema inteiro original. Para além disso, o método estende-se facilmente ao problema de inpainting. Para os métodos de segmentação baseados nas arestas dos contornos, os investigadores desenvolveram com êxito algoritmos para impor de forma óptima a regularidade da curvatura, utilizando abordagens do caminho mais curto ou formulações do ciclo de rácio num gráfico que representa o espaço do produto dos pixels da imagem e dos ângulos tangentes. Nos cenários baseados em regiões considerados, a curvatura é geralmente tratada por métodos de evolução local. A única exceção é a abordagem de inpainting de Masnou e Morel, que pode otimizar a norma L1 da curvatura na ausência de termos de dados utilizando programação dinâmica.

A abordagem LP-relaxamento foi desenvolvida para minimizar a curvatura em contextos baseados em regiões. Em contrapartida, permite impor funções arbitrárias de curvatura e termos de dados arbitrários. A formulação algorítmica baseia-se nos conceitos de complexos de células e de restrições de continuação de superfícies, que foram introduzidos por Sullivan e Grady no contexto do preenchimento de superfícies 3D. Para o efeito, o problema é formulado como um programa linear inteiro e a sua relaxação LP é resolvida. Esta técnica produz uma solução integral para a limiarização variável da região e os resultados aproximam-se do ótimo global. Mas a abordagem não é adequada para resoluções de imagem moderadas e consome muito tempo de execução.

Talbot.H. ***et al.*** **[10]** analisaram a abordagem Power watersheds, que é uma estrutura de segmentação de imagens que estende os cortes de grafos, o random walker e a optimal spanning forest. Considerando uma imagem como um grafo ponderado, estes algoritmos podem ser expressos através de uma função de energia comum com diferentes escolhas de um parâmetro q que actua como um expoente nas diferenças entre nós vizinhos. A introdução de um novo parâmetro p, que fixa uma potência para os pesos das arestas, permite-nos incluir também o algoritmo de floresta extensa óptima para bacias hidrográficas neste mesmo quadro. A colocação do algoritmo de bacias hidrográficas nesta estrutura de minimização de energia também abre novas possibilidades para a utilização de termos unários na segmentação tradicional de bacias hidrográficas e a utilização de bacias hidrográficas para otimizar modelos mais gerais de utilização em aplicações para além da segmentação de imagens.

O algoritmo resolve o problema de minimização de energia associado às bacias hidrográficas de potência e tem a velocidade das bacias hidrográficas padrão, mas supera todos os outros algoritmos em nossos testes de segmentação de referência. Colocar as bacias hidrográficas na mesma estrutura que os cortes de grafos, o caminhante aleatório e os caminhos mais curtos permite-nos incorporar facilmente termos unários na segmentação convencional de bacias hidrográficas. Ao colocar o algoritmo de bacias hidrográficas na mesma estrutura generalizada que os cortes de grafos, o random walker e os caminhos mais curtos, é possível aproveitar a vasta literatura sobre a melhoria da segmentação de bacias hidrográficas para melhorar também essas outras abordagens de segmentação. Ao incorporar termos unários, as bacias hidrográficas são levadas além da segmentação de imagens para a área de algoritmos gerais de minimização de energia que podem ser aplicados a qualquer número de aplicações para as quais os modelos de grafos e MRF se tornaram padrão.

Uma estrutura geral que engloba cortes de grafos, caminhantes aleatórios, segmentação pelo caminho mais curto e bacias hidrográficas permitiu definir uma nova família de algoritmos de segmentação de bacias hidrográficas com uma floresta de extensão óptima utilizando diferentes expoentes. O algoritmo para computar a bacia hidrográfica de potência e mostrou que a bacia hidrográfica de potência com $q = 2$ mantém a velocidade do algoritmo MSF, produzindo ao mesmo tempo segmentações melhoradas. Para além de fornecer um novo algoritmo de segmentação de imagem, este trabalho também mostrou como os termos unários podem ser empregues com um algoritmo de watershed padrão para melhorar o desempenho da segmentação. Vistos como algoritmos de minimização de energia, os cortes em grafos, os percursos aleatórios e os caminhos mais curtos têm encontrado muitas aplicações diferentes no domínio da visão por computador que vão para além da segmentação de imagens, como a correspondência estéreo, o fluxo ótico e o restauro de imagens.

A técnica produz uma segmentação melhor do que os métodos anteriores e é um bom algoritmo de minimização de energia. Mas a abordagem não era aplicável a grandes sistemas e não era rápida e eficaz.

CAPÍTULO - 3

METODOLOGIA

3.1 GERAL

O método de inicialização automática baseia-se no modelo estatístico de distribuição da intensidade média e do desvio padrão do fígado. A Figura 3.1. mostra o diagrama de blocos do método proposto. A segmentação do tumor também exigiu a mesma inicialização automática que a do fígado. Este passo foi aplicado apenas ao volume do fígado, obtido após a delineação automática da superfície do fígado: este último, aplicado ao volume original do conjunto de dados, foi utilizado como máscara para evitar sobrecargas de processamento e evitar erros relacionados com a presença de tecidos circundantes que apresentem distribuições semelhantes da escala de cinzentos. Adicionalmente, para este efeito, os voxels pertencentes ao domínio da gama de intensidade foram também removidos do volume de fígado segmentado. Esta escolha permitiu a correcta identificação do fígado em relação a outros órgãos, optimizando os recursos de cálculo e aumentando a precisão da segmentação do tumor.

3.2 DIAGRAMA DE BLOCO

Em primeiro lugar, a aplicação do filtro de pré-processamento à imagem volumétrica original é efectuada para remover o ruído das áreas homogéneas. Aqui, cada fatia do volume filtrado é dividida em 64 sub-regiões quadradas. Para cada sub-região abdominal, calcula-se a intensidade média da imagem e o desvio padrão para identificar as regiões mais homogéneas em termos de intensidade dos pixels. Em seguida, é efectuada a seleção da mediana com o desvio padrão. Finalmente, as imagens são divididas e as regiões do fígado são identificadas.

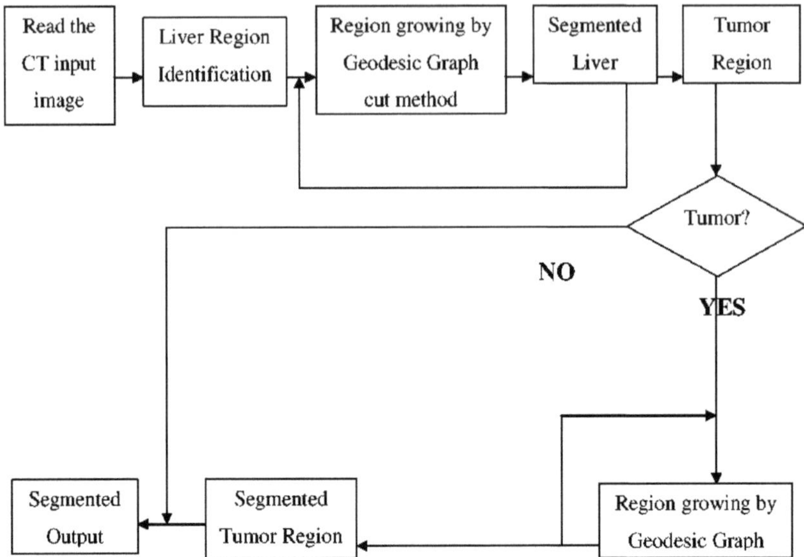

Fig.3.1. Método proposto

3.2.1 Deslocação média

A deslocação da média é uma técnica geral não paramétrica para a análise de um espaço de características multimodais complexas e para delinear agrupamentos modelados nesse espaço. O módulo computacional básico da técnica é um antigo procedimento de reconhecimento de padrões, a deslocação da média. A relação entre o deslocamento médio e o estimador de Nadaraya-Watson da regressão de kernel e os estimadores M robustos de localização também é estabelecida. O único parâmetro definido pelo utilizador é a resolução da análise e são aceites como entrada imagens de nível cinzento ou a cores.

O Mean Shift é um algoritmo iterativo não paramétrico poderoso e versátil que pode ser utilizado para muitos fins, como encontrar modos, agrupar, etc. O Mean Shift foi alargado para ser aplicável noutros domínios, como a visão por computador. O deslocamento para a média considera o espaço de características como uma função empírica de densidade de probabilidade. Se a entrada for um conjunto de pontos, a deslocação para a média considera-os como uma amostra da função de densidade de probabilidade subjacente. Se estiverem presentes regiões densas (ou clusters) no espaço de características, estas correspondem à moda (ou máximos locais) da função de densidade de probabilidade. Também podemos identificar os clusters associados a uma dada moda utilizando a deslocação média.

Para cada ponto de dados, a deslocação média associa-o ao pico próximo da função de densidade de probabilidade dos conjuntos de dados. Para cada ponto de dados, a deslocação média define uma janela à sua volta e calcula a média do ponto de dados. De seguida, desloca o centro da janela para a média e repete o algoritmo até convergir. Após cada iteração, a janela desloca-se para uma região mais densa do conjunto de dados.

Em termos gerais, a técnica Mean Shift pode ser especificada da seguinte forma:

1. Fixar uma janela à volta de cada ponto de dados.

2. Calcular a média dos dados dentro da janela.

3. Deslocar a janela para a média e repetir até à convergência.

A estimativa da densidade de Kernel na deslocação da média é uma forma não paramétrica de estimar a função de densidade de uma variável aleatória. Esta técnica é geralmente designada por técnica da janela de Parzen. O deslocamento para a média trata os pontos do espaço de características como uma função de densidade de probabilidade. As regiões densas no espaço de características correspondem a máximos ou modos locais. Assim, para cada ponto de dados, a subida do gradiente é efectuada na densidade local estimada até à convergência. Os pontos estacionários obtidos através da subida do gradiente representam os modos da função de densidade. Todos os pontos associados ao mesmo ponto estacionário pertencem ao mesmo agrupamento.

Embora a deslocação da média seja um algoritmo não paramétrico, requer que o parâmetro de largura de banda h seja ajustado. O algoritmo kNN pode ser utilizado para determinar a largura de banda. A escolha da largura de banda influencia o valor da taxa de convergência e o número de clusters. A escolha do parâmetro de largura de banda h é crítica. Um valor elevado de h pode resultar num agrupamento incorreto e pode fundir clusters distintos. Um h muito pequeno pode resultar em demasiados clusters.

Quando se utiliza o kNN para determinar h, a escolha de k influencia o valor de h. Para obter bons resultados, o valor de k tem de aumentar quando a dimensão dos dados aumenta. A deslocação da média pode não funcionar bem em dimensões mais elevadas. Em dimensões mais elevadas, o número de máximos locais é bastante elevado e pode convergir rapidamente para óptimos locais. O kernel de Epanechnikov tem um corte claro e é ótimo na relação parcialidade-variância.

A deslocação média é um algoritmo versátil que tem encontrado muitas aplicações práticas - especialmente no domínio da visão por computador. Na visão computacional, as dimensões são normalmente baixas (por exemplo, o perfil de cor da imagem). Assim, o deslocamento médio é utilizado para efetuar muitas tarefas comuns em visão.

A aplicação mais importante é a utilização do Mean Shift para agrupamento. O facto de o deslocamento médio não fazer suposições sobre o número de clusters ou a forma do cluster torna-o ideal para lidar com clusters de forma e número arbitrários.

Embora o Deslocamento para a Média seja essencialmente um algoritmo de determinação de modos, podemos encontrar agrupamentos utilizando-o. Os pontos estacionários obtidos através da subida do gradiente representam os modos da função de densidade. Todos os pontos associados ao mesmo ponto estacionário pertencem ao mesmo cluster. Uma forma alternativa é utilizar o conceito de bacia de atração. Informalmente, o conjunto de pontos que convergem para o mesmo modo forma a bacia de atração para esse modo. Todos os pontos da mesma bacia de atração estão associados ao mesmo cluster. O número de clusters é obtido pelo número de modos. O deslocamento para a média é utilizado em múltiplas tarefas na visão computacional, como a segmentação, o seguimento, a suavização com preservação da descontinuidade, etc.

O K-Means é um dos algoritmos de agrupamento mais populares que pode ser comparado com o método de deslocação da média. É simples, rápido e eficiente. O método Mean Shift pode ser comparado com o método K-Means com base num certo número de parâmetros. Uma das diferenças mais importantes é que o K-Means parte de dois pressupostos gerais - o número de clusters já é conhecido e os clusters têm uma forma esférica (ou elíptica). O Mean shift, sendo um algoritmo não paramétrico, não assume nada sobre o número de clusters. O número de modos fornece o número de clusters. Além disso, uma vez que se baseia na estimativa da densidade, pode lidar com agregados de forma arbitrária.

O K-means é muito sensível às inicializações. Uma inicialização incorrecta pode atrasar a convergência ou, por vezes, resultar em clusters errados. A deslocação média é bastante robusta às inicializações. Normalmente, a deslocação média é executada para cada ponto ou, por vezes, os pontos são seleccionados uniformemente a partir do espaço de características. Do mesmo modo, o método K-means é sensível a valores atípicos, mas o método Mean Shift não é muito sensível. O K-means é rápido e tem uma complexidade temporal.

3.2.2 Limiar adaptativo

Implementando a técnica de limiar adaptativo nestes dados específicos do doente extraídos automaticamente, as imagens foram divididas e, em seguida, as regiões do fígado foram identificadas.

A etapa de Segmentação do Tumor foi aplicada apenas ao volume do fígado, obtido após a delineação automática da superfície do fígado. Adicionalmente, para este efeito, os voxels pertencentes ao domínio da gama de intensidade foram também removidos do volume de fígado segmentado. Esta escolha permitiu a identificação correcta do fígado em relação aos outros órgãos, optimizando os recursos de cálculo e aumentando a precisão da segmentação do tumor.

3.3 ALGORITMO DE SEGMENTAÇÃO POR CORTE DE GRAFO GEODÉSICO

A segmentação geodésica pode ser melhorada através da inclusão de informação explícita sobre os bordos para encorajar a colocação dos limites de seleção nos bordos da imagem e permitir ao utilizador uma maior liberdade na colocação dos traços. O termo de região por si só pode muitas vezes levar a segmentação em tais casos, mas os modelos de cor global sem informação de localidade espacial podem muitas vezes selecionar regiões disjuntas. A utilização da distância geodésica pode evitar a seleção de regiões disjuntas. Esta secção apresenta a forma como as distâncias geodésicas e a informação sobre as arestas podem ser combinadas numa estrutura de otimização de corte de gráficos e, em seguida, apresenta uma forma de utilizar a precisão de classificação prevista a partir dos modelos de cor inferidos para ajustar automaticamente a compensação entre os pontos fortes e fracos dos dois.

O termo de região unário pode ser calculado da seguinte forma:

$$R_1(x_i) = s_1(x_i) + M_1(x_i) + G_1(x_i) \quad (3.1)$$

em que M_l (x_i) se baseia no modelo de cor global, uma vez que é utilizado para a segmentação de cortes de gráficos, G_l (x_i) se baseia na distância geodésica e

$$s_1(x_i) = \{\infty, \text{if } x_i \in \Omega_1 \mid 0, \text{otherwise}\} \quad (3.2)$$

indica a presença de um traço de utilizador em que I é a etiqueta oposta a l (ou seja, se l = F, então $\bar{I}$ = B). A Transformada Rápida de Gauss é utilizada para calcular modelos de cor de primeiro plano/plano de fundo. P_l (c) é utilizado tanto para a similaridade global como para as distâncias geodésicas. M_l (x_i) é calculado por

$$M_1(x_i) = P_i(C(x_i)) \quad (3.3)$$

G_l (x_i) é calculado através da normalização das distâncias geodésicas relativas primeiro plano/plano de fundo

$$G_1(x_i) = \frac{D_1(x_i)}{D_F(x_i) + D_B(x_i)} \quad (3.4)$$

Para o termo de fronteira utilizamos:

$$B(x_i, x_j) = \frac{1}{1 + \| C(x_i) - C(x_j) \|^2} \quad (3.5)$$

em que C(x) € [0,255].

Para permitir a ponderação global da importância relativa da região e dos componentes de fronteira,

$$E(L) = \lambda_R \sum (R_{Li}(x_i)) + \lambda_B \sum (B(x_i, x_j)) |L_i - L_j| \quad (3.6)$$

O peso do limite desempenha o papel da ponderação fixa tradicional da região/limite nos métodos de corte de grafos e é ajustado a imagens individuais, considerando apenas o tamanho da imagem (devido à escala desproporcionada da área de um objeto (termo unário) e do perímetro (termo do limite)). O peso da região λ_R é a ponderação relativa da distância geodésica e de outros componentes da região. A probabilidade posterior de um pixel com a cor c pertencer ao primeiro plano (F) ou ao segundo plano (B) é considerada, assumindo igual prioridade. Isto funciona como um classificador bayesiano simples em que o erro pode ser estimado por

$$\varepsilon = \frac{1}{2}\left(\frac{\sum_{x\epsilon F} P_B\, C(x)}{\Omega_F} + \frac{\sum_{x\epsilon B} P_F\, C(x)}{\Omega_B}\right) \tag{3.7}$$

Quando não há erro (ε = 0), os termos baseados na cor (M e G) recebem peso total, e quando os modelos de cor se tornam indistintos (ε ≥0,5), não recebem peso:

$$\lambda_R = \begin{cases} 1 - 2\varepsilon, \text{if } \epsilon < 0.5 \\ 0, \text{otherwise} \end{cases} \tag{3.8}$$

Os termos geodésicos e de fronteira são ainda ponderados com base na confiança local u(x) dos componentes geodésicos:

$$u(x_i) = \left(\frac{|D_F(x_i) - D_B(x_i)|}{|D_F(x_i) + D_B(x_i)|}\right)^{\gamma} \tag{3.9}$$

em que, empiricamente, γ= 2 a 2,5 funciona bem.

Para ponderar a componente geodésica por u(xi), os termos da região são redefinidos do seguinte modo

$$R_1(x_i) = s_1(x_i) + M_1(x_i) + G_1(x_i) + u(x_i)G_1(x_i) \tag{3.10}$$

Isto mantém o peso do termo de distância geodésica.

A ponderação dos custos de fronteira é adaptada espacialmente com base em u(x) da seguinte forma:

$$B(x_i, x_j) = \frac{1 + \left(\frac{(u(x_i) + u(x_j))}{2}\right)}{1 + \|\, C(x_i) - C(x_j)\,\|^2} \tag{3.11}$$

Quando a confiança geodésica é baixa, isto sugere que a segmentação geodésica, por si só, consideraria que a região está próxima de uma fronteira, e o efeito da componente geodésica é reduzido, transferindo o controlo para o termo mais preciso de determinação de arestas. O efeito líquido desta ponderação espacialmente adaptável é aumentar a ponderação relativa do termo de distância geodésica unário e aumentar o custo de um corte de fronteira no que são claramente regiões interiores/exteriores.

3.4 ALGORITMO DE SEGMENTAÇÃO POR CORTE DE GRAFO

As soluções da técnica de corte em grafo permitem evitar mínimos locais, proporcionando robustez numérica, e não utilizam quaisquer características anteriores à forma que possam restringir demasiado as formas recuperáveis. O algoritmo Graph-Cut produz também melhores resultados de segmentação do que outros métodos totalmente automáticos encontrados na literatura, tanto em termos de precisão como de tempo de processamento.

3.4.1 Regras de inicialização

Para discriminar o fígado do fundo, definimos um limiar de gama igual a 2o. As regras de inicialização são as seguintes:

1) v (voxel) € fígado, se I(v) (intensidade de imagem do voxel) € L2 (domínio do fígado) e v € BIG.

2) v € Background se I(v) € B2 (domínio Background) ou se I(v) C L2 e v não pertence a BIG (maior componente ligado após limiarização).

3) v € indeterminado caso contrário.

Aqui, a função de energia baseia-se no termo de região e no termo de limite. I (v) representa a intensidade da imagem do voxel, e BIG o maior componente ligado a 18 após uma limiarização semelhante. O método 3-D graph-cut, ao contrário da técnica de contorno ativo, não é iterativo e baseia-se na minimização global de classes de funções de energia definidas num gráfico discreto. As definições da função de energia e das penalizações foram adaptadas ao objetivo específico da segmentação do fígado.

3.4.2 Definição dos pesos do termo de região e do termo de fronteira

Em seguida, a função de energia baseia-se em dois termos principais: a) um termo de região (penalizações que dependem do contexto da vizinhança e da rotulagem dos voxels) e b) um termo de fronteira (penalizações baseadas na dissemelhança dos voxels adjacentes). Para os pesos do termo de região R_p, foi utilizado um modelo gaussiano específico do doente para o fígado, fornecendo assim um resultado mais fiel do que a probabilidade a-posteriori dos voxels etiquetados com o objeto. Em seguida, para o fundo, a probabilidade a-posteriori foi adaptada tendo em conta todos os voxels exceto os inicializados como fígado, a fim de fornecer uma R_p não nula também aos voxels indeterminados durante a inicialização.

$$R_P(obj) = \frac{\exp^{\frac{-(I_P-\mu_{liver})^2}{2\,\sigma_{liver}{}^2}}}{\sigma_{liver}\sqrt{2\pi}} \qquad (3.12)$$

$$R_P(bkg) = -\ln\Pr(I_P(obj)) \qquad (3.13)$$

A probabilidade a-posteriori para R_p (bkg) foi avaliada no histograma da imagem filtrada por deslocamento médio para os voxels que não foram inicializados como fígado. Para o termo de fronteira, os pesos de borda "direccionados" $w_{p,q}$ parecem ser a melhor solução para encorajar cortes de objectos mais brilhantes para fundos mais escuros, como o fígado em exames de TAC, e foram definidos da seguinte forma:

$$w_{p,q} = \begin{cases} 1, \text{if } Ip \leq Iq \\ \exp\left(\frac{-(Ip - Iq)^2}{2\sigma^2}\right), \text{if } Ip > Iq \end{cases} \quad (3.14)$$

Aqui a, permitiu ajustar a gama de intensidades tidas em conta para encontrar as arestas. De facto, pequenos σ^2 encorajaram a criação de arestas entre voxels com intensidades aproximadamente iguais, enquanto que para grandes σ^2 , a gama de intensidade era mais ampla, permitindo que os contornos evoluíssem com menos restrições.

A função de custo E pode ser definida da seguinte forma:

$$E = \sum w_{p,q} \delta\ S_p \neq S_q \quad + \quad \lambda \quad \sum R_p\,(S_p) \quad (3.15)$$

em que S_p e S_q podem assumir os valores de etiqueta {fígado ou fundo}, a fim de encontrar o mínimo de E e o correspondente conjunto ótimo de segmentação S_p de todos os voxels. A função de custo E e os pesos das arestas $w_{p,q}$ foram utilizados para a segunda execução da técnica de corte de grafos, enquanto os pesos dos termos de região R_p foram redefinidos da seguinte forma:

$$R_P(tumor) = \frac{\exp^{\frac{-(Ip-\mu_{tumor})^2}{2\sigma_{tumor}^2}}}{\sigma_{tumor}\sqrt{2\pi}} \quad (3.16)$$

$$R_P(liver) = \frac{\exp^{\frac{-(Ip-\mu_{liver})^2}{2\sigma_{liver}^2}}}{\sigma_{liver}\sqrt{2\pi}} \quad (3.17)$$

As distâncias geodésicas e as informações sobre as arestas podem ser combinadas numa estrutura de otimização de corte gráfico e podem ser utilizadas para prever a precisão da classificação a partir dos modelos de cor inferidos para ajustar automaticamente a compensação entre os pontos fortes e fracos dos dois.

A função de energia baseia-se em dois termos principais: i) um termo de região (penalizações que dependem do contexto da vizinhança e da rotulagem dos voxels) e ii) um termo de fronteira (penalizações baseadas na dissimilaridade dos voxels adjacentes). Assim, as soluções da técnica Graph-Cut evitam mínimos locais, proporcionando robustez numérica, e não utilizam quaisquer características anteriores à forma que possam restringir demasiado as formas recuperáveis. Produz melhores resultados de segmentação do que outros métodos totalmente automáticos encontrados na literatura, tanto em termos de precisão como de tempo de processamento.

CAPÍTULO - 4

RESULTADOS E DISCUSSÃO

A segmentação automática da superfície do fígado e do tumor hepático foi executada com sucesso para todos os conjuntos de dados de pacientes com ambas as técnicas de segmentação automática; a segmentação automática do fígado pelo algoritmo Graph Cut Segmentation encontra alguns problemas com tumores e vasos posicionados logo abaixo da superfície do fígado. Estas estruturas têm valores de intensidade diferentes em comparação com os do parênquima hepático, pelo que são inicializadas como estando fora do fígado; de facto, de acordo com a literatura, este é um problema generalizado das abordagens tradicionais de Graph Cut. Pelo contrário, a segmentação automática do fígado pelo algoritmo Geodesic Graph-cut consegue incluir estes tumores (por baixo da superfície) na segmentação do fígado. A razão é que os cortes gráficos geodésicos incluem informações contextuais vizinhas que permitem ultrapassar as arestas entre os tumores ou os vasos e o parênquima hepático.

Ambas as técnicas automáticas proporcionaram uma segmentação da superfície do fígado altamente precisa em relação à imagem de referência definida como padrão de ouro. De facto, ambos os algoritmos atingiram valores bons bastante semelhantes para todas as métricas comparativas.

O algoritmo de segmentação por corte de gráfico geodésico é aplicado à imagem de entrada, como mostra a Figura 4.1.

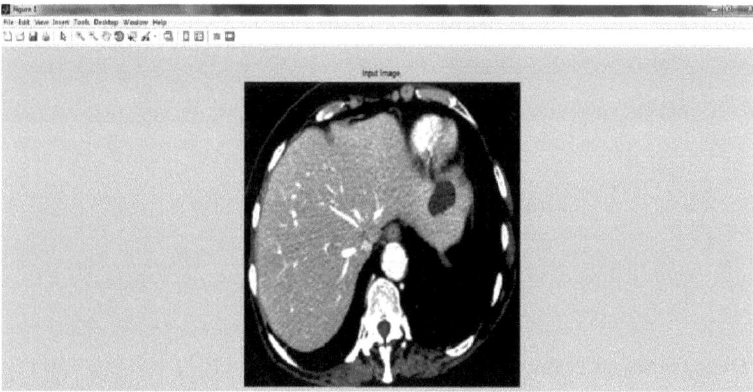

Fig.4.1. Imagem de entrada

Para cada sub-região abdominal, é efectuado o cálculo da intensidade média da imagem e do desvio padrão. Em seguida, é efectuada a seleção da mediana com o desvio padrão. Por fim, as imagens são divididas e as regiões do fígado são identificadas, como se mostra na Figura 4.2.

Fig.4.2. Identificação da região da semente do fígado

A distribuição gaussiana com os valores mais baixos de HU corresponde às intensidades tumorais e, em seguida, o valor médio da intensidade tumoral e o seu desvio padrão foram extraídos do histograma graças a uma correlação cruzada com uma função de forma gaussiana. Estes e foram utilizados para identificar voxels tumorais nas regiões hepáticas particionadas que representaram a entrada para a etapa de segmentação final. O histograma da região é apresentado na Figura 4.3.

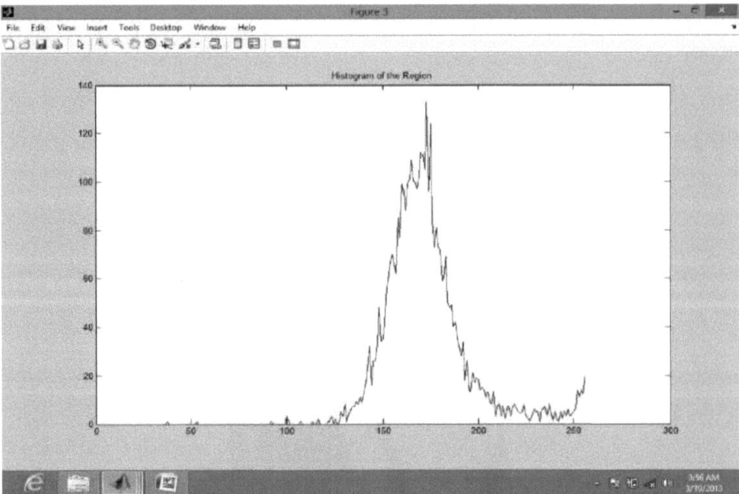

Fig.4.3. Histograma da região do fígado

A segmentação da superfície do fígado e do tumor é efectuada num corte de TAC. A inicialização da superfície do fígado é aplicada para o método de corte gráfico, como se mostra na Figura 4.4, em que a região branca representa o fígado, a região cinzenta o fundo e a região preta representa voxels indeterminados.

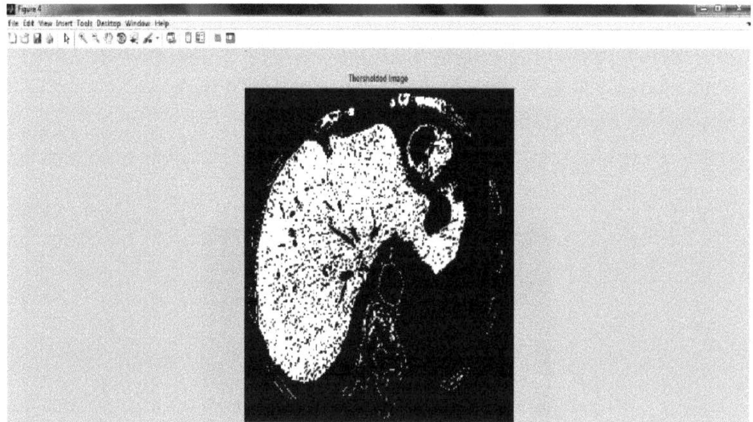

Fig.4.4. Imagem limiarizada

A Figura 4.5. mostra a imagem à escala de cinzentos da região do fígado identificada

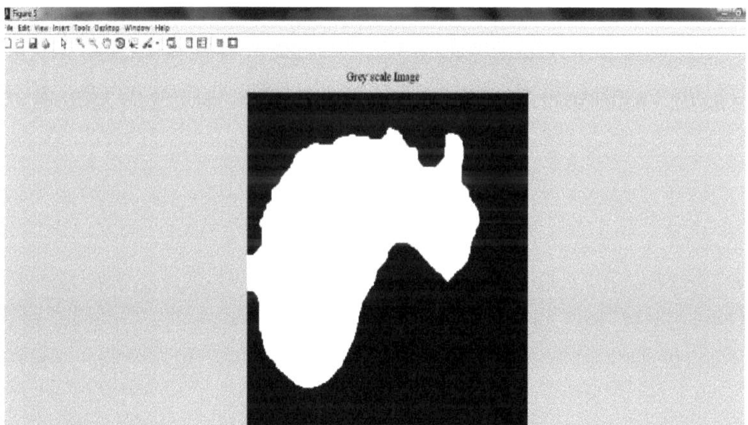

Fig.4.5. Imagem à escala de cinzentos

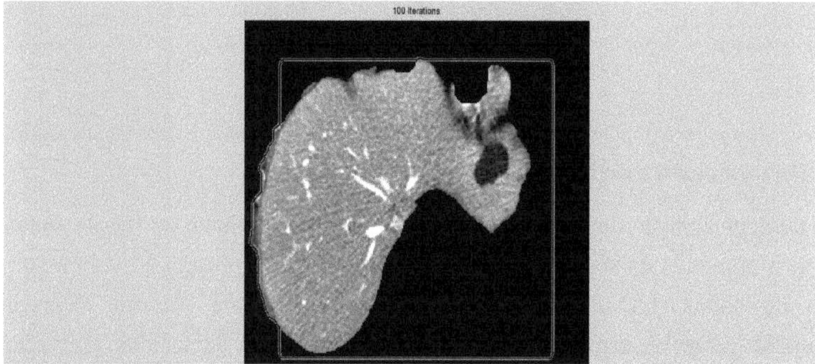

Fig.4.6. Processo de Iteração na Técnica de Corte de Grafos Geodésicos

A Figura 4.7. mostra o fígado segmentado pela técnica de contorno ativo do fluxo de vectores de gradiente. Aqui, o contorno é o equilíbrio resultante entre as forças difusas que existiriam longe do objeto e os vectores de força que seriam crocantes perto das extremidades, tal como definido na teoria do corte gráfico.

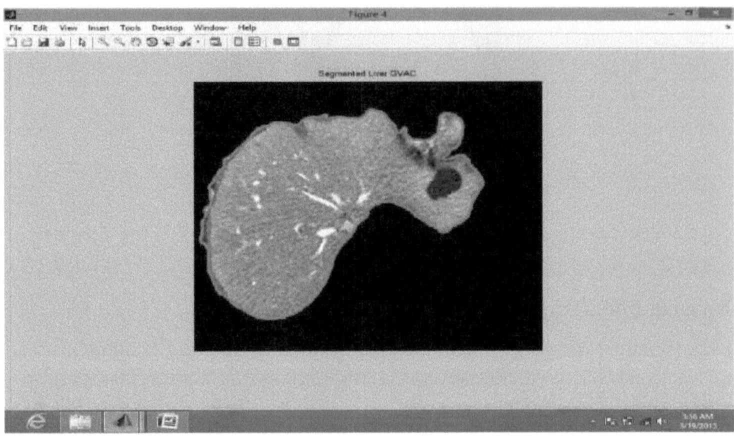

Fig.4.7. Fígado segmentado pela técnica de contorno ativo do fluxo do vetor de gradiente

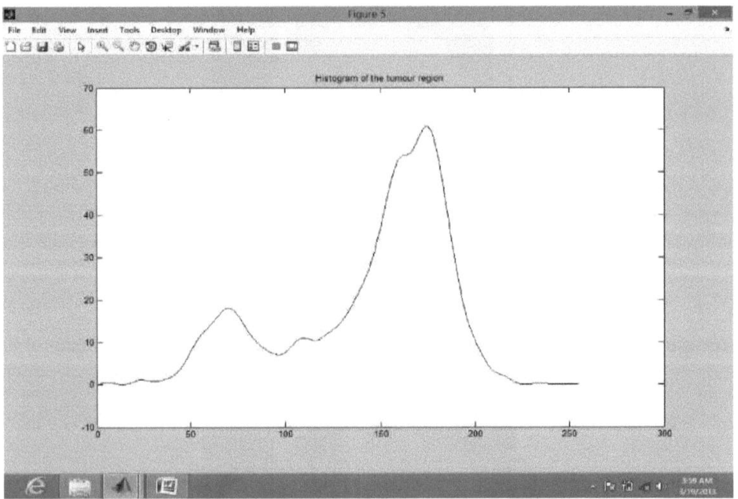

Fig.4.8. Histograma da região do tumor

O passo de Segmentação do Tumor foi aplicado apenas ao volume do fígado, obtido após a delineação automática da superfície do fígado: este último, aplicado ao volume original do conjunto de dados, foi utilizado como uma máscara para prevenir sobrecargas de processamento e evitar erros relacionados com a presença de tecidos circundantes que apresentem distribuições semelhantes da escala de cinzentos. Adicionalmente, para este efeito, os voxels pertencentes ao domínio da gama de intensidade foram também removidos do volume de fígado segmentado. Este domínio de gama de intensidade é selecionado porque os dados se ajustam a uma distribuição gaussiana e quase todos (99,7%) os valores se encontram dentro de três desvios-padrão da média.

Esta escolha permitiu a identificação correcta do fígado em relação aos outros órgãos, optimizando os recursos de cálculo e aumentando a precisão da segmentação do tumor. A Figura 4.9. mostra a região do tumor identificada pela etapa de Segmentação do Tumor.

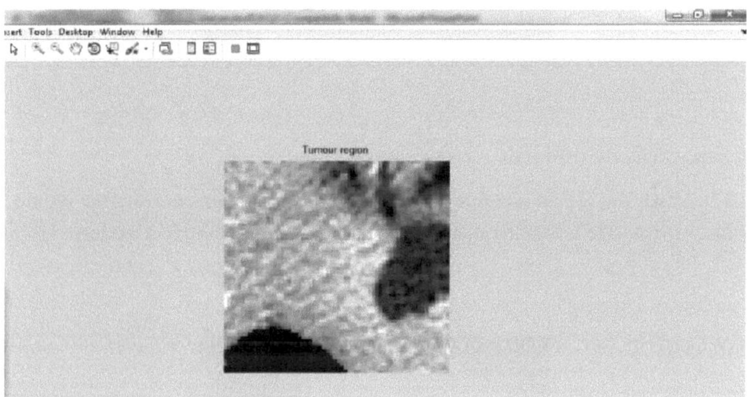

Fig.4.9. Região do tumor identificada

A segmentação automática do fígado pelo algoritmo Geodesic Graph-cut consegue incluir estes tumores (por baixo da superfície) na segmentação do fígado. A Figura 4.10 mostra o contorno final na Segmentação de tumores executada com êxito durante 400 iterações.

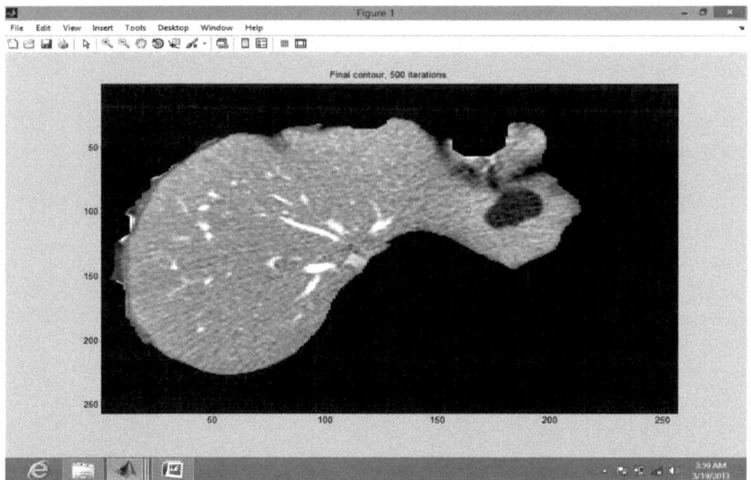

Fig.4.10. Contorno final na Segmentação de Tumores

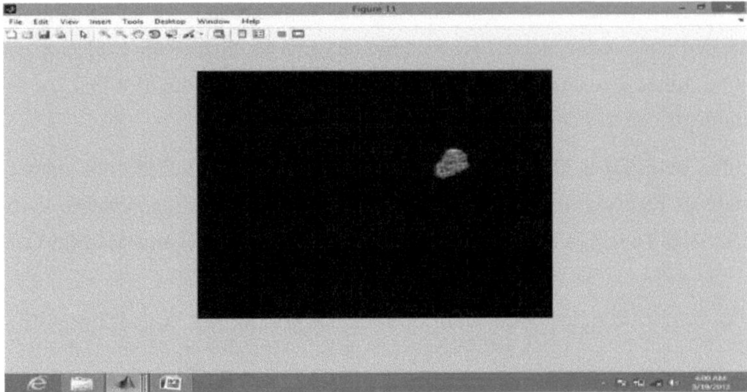

Fig.4.11. Separação de tumores

Figura 4.12. Mostra a região do fígado finalmente segmentada, na qual a região exterior identificada corresponde à região do fígado segmentada pelo método Geodesic Graph Cut.

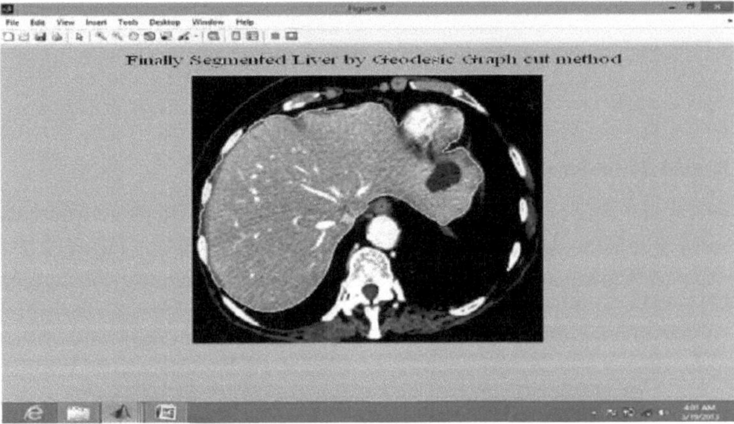

Fig.4.12. Fígado segmentado pelo método de corte de gráfico geodésico

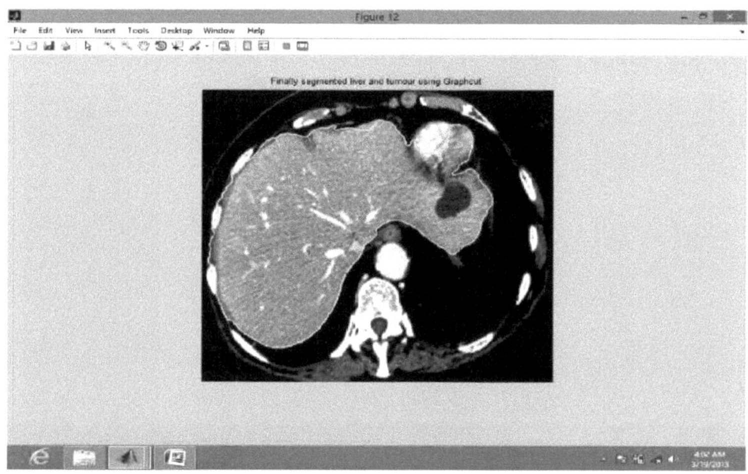

Fig.4.13. Fígado e Tumor Segmentados

Figura 4.13. Mostra as regiões do fígado e do tumor finalmente segmentadas, em que a região identificada exteriormente corresponde à região do fígado finalmente segmentada e a região identificada interiormente corresponde à região do tumor finalmente segmentada.

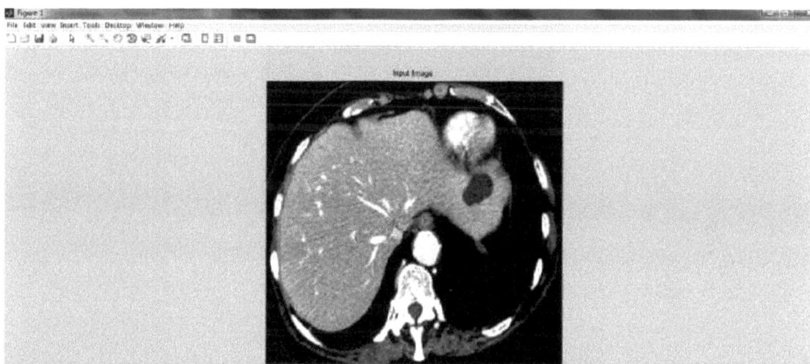

Fig.4.14. Imagem de entrada para avaliação do desempenho

A Figura 4.14. mostra a imagem de entrada considerada para a avaliação do desempenho

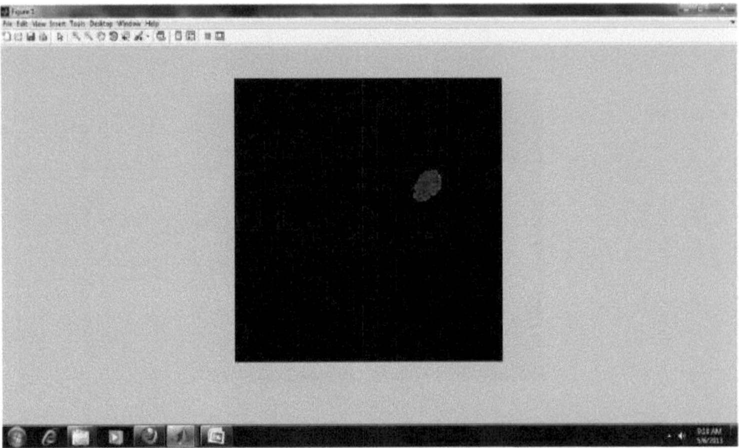

Fig.4.15. Imagem do solo verdadeiro para avaliação do desempenho

A figura 4.15 mostra a imagem de verdade terrestre obtida pelo método de fio vivo, que é considerada como a imagem original.

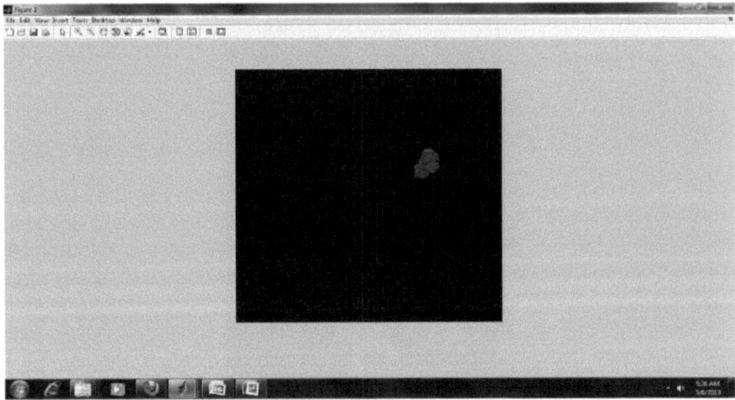

Fig.4.16. Tumor segmentado pelo método de corte do gráfico geodésico

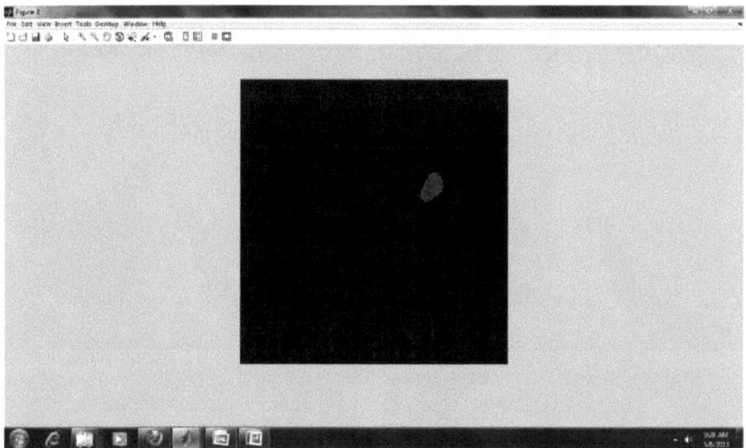

Fig.4.17. Tumor segmentado pelo método Graph cut

A Figura 4.17. mostra a imagem segmentada do tumor obtida com o método Graph cut

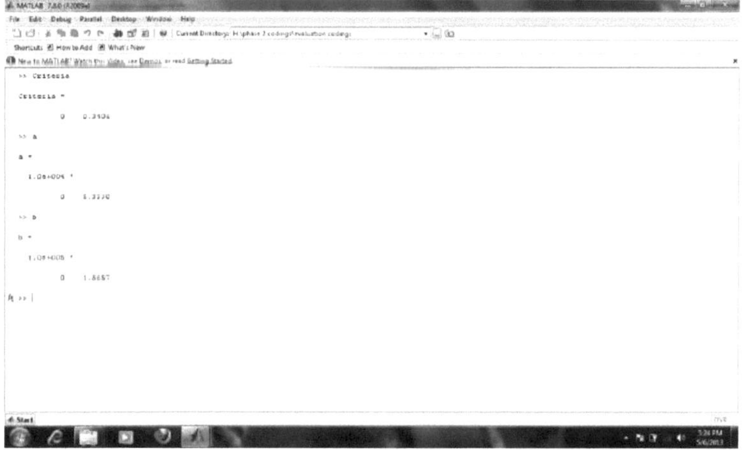

Fig.4.18. Avaliação da eficiência dos dois métodos

A Figura 4.18 mostra a avaliação do desempenho do método de corte gráfico geodésico e do método de corte gráfico. O parâmetro "Critérios" corresponde à verdade terrestre ou à imagem original. O parâmetro "a" corresponde ao coeficiente de semelhança do método de corte gráfico geodésico e o parâmetro "b" corresponde ao coeficiente de semelhança do método de corte gráfico. A partir da figura, observa-se que o método de corte gráfico geodésico obteve um valor mais elevado em termos de coeficiente de semelhança do que o método de corte gráfico.

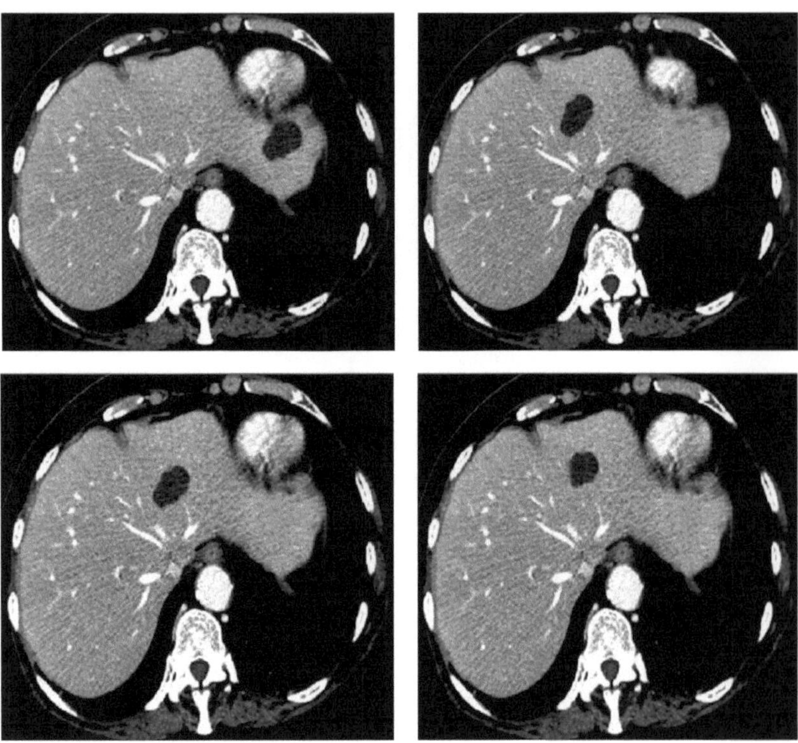

Fig.4.19. Diferentes conjuntos de imagens de entrada para o desempenho objetivo da fusão de imagens

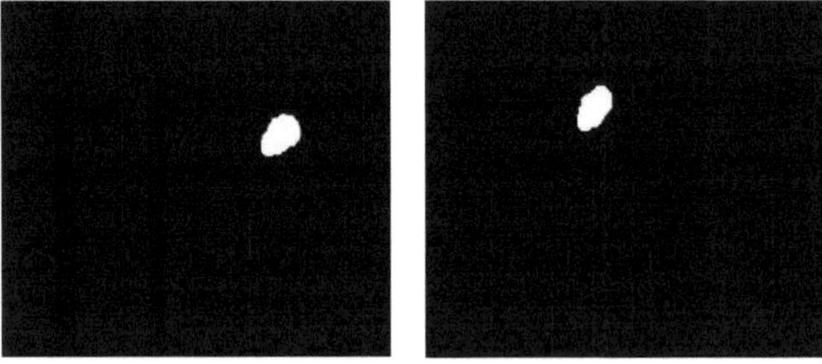

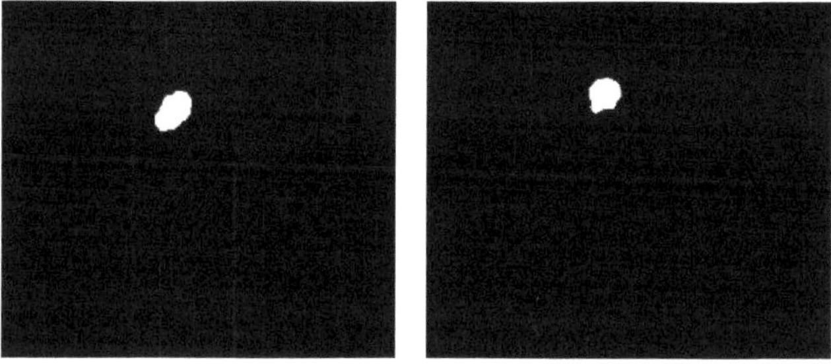

Fig.4.20. Diferentes conjuntos de dados de imagens de verdade terrestre

A figura 4.20 mostra diferentes conjuntos de dados de imagens de verdade terrestre para o desempenho objetivo da fusão de imagens

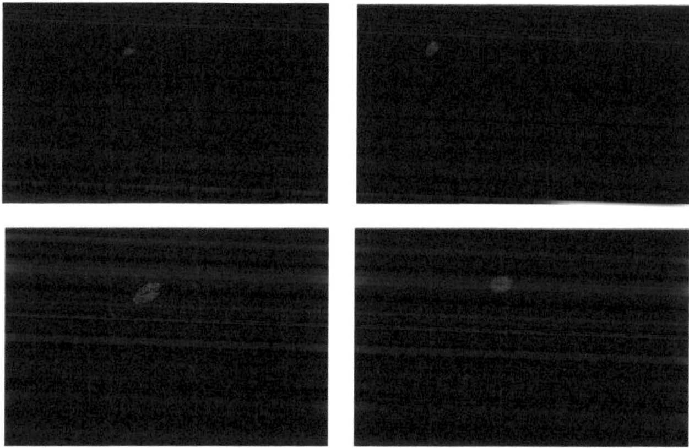

Fig.4.21. Conjuntos de Imagens Segmentadas pela Abordagem de Corte de Grafos Geodésicos

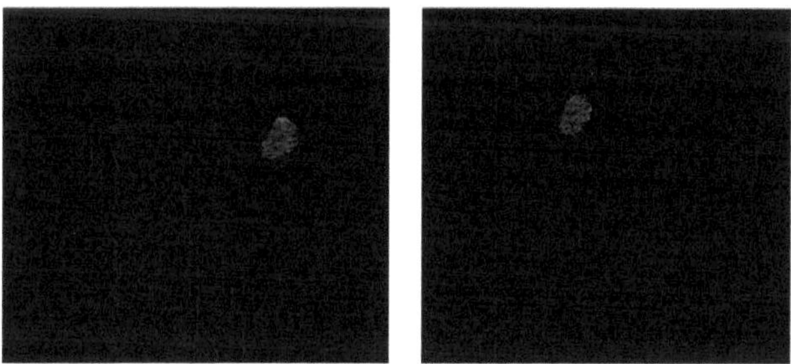

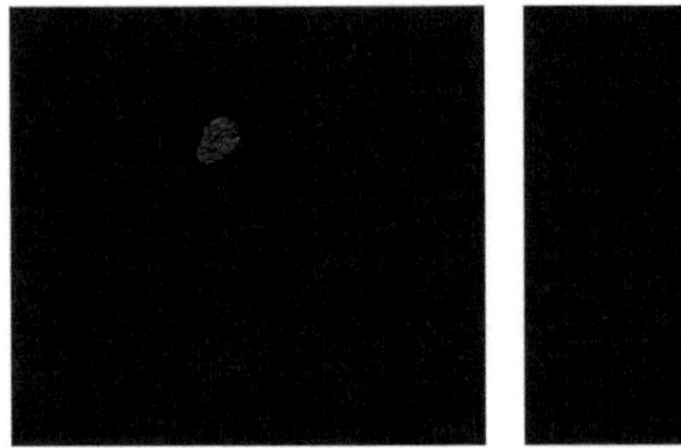 

Fig.4.22. Conjuntos de imagens segmentadas pela abordagem de corte de gráfico

A técnica de fusão de imagens objetiva ajuda a avaliar eficazmente o desempenho dos dois métodos. O objetivo da fusão de imagens ao nível do pixel é combinar e preservar numa única imagem de saída toda a informação visual "importante" que está presente num certo número de imagens de entrada. A medida de fusão objetiva deve i) extrair toda a informação perceptualmente importante que existe nas imagens de entrada e ii) medir a capacidade do processo de fusão para transferir, com a maior precisão possível, essa informação para a imagem de saída. A fim de estabelecer a relevância subjectiva da metodologia proposta na avaliação do desempenho dos sistemas de fusão ao nível do pixel, o $Q_p^{AB/F}$ foi estimado em relação a três algoritmos de fusão.

O primeiro, o esquema I, é um sistema de fusão convencional de resolução múltipla que utiliza uma abordagem de seleção de píxeis de sub-banda do tipo "área" durante a fusão em pirâmide. O esquema II utiliza a mesma abordagem convencional de decomposição do filtro de espelho em quadratura (QMF) com uma técnica avançada de seleção de bandas cruzadas para a fusão em pirâmide. O esquema III é um sistema computacionalmente eficiente baseado num processo de decomposição e fusão de fundo/primeiro plano. Assim, foram realizados testes subjectivos informais utilizando pares de imagens de entrada e as correspondentes imagens de saída fundidas produzidas por dois algoritmos de fusão diferentes. A preferência por uma determinada imagem fundida atribuiu um ponto ao sistema utilizado para a produzir, enquanto meio ponto foi atribuído a ambos os sistemas em caso de preferência igual. Por conseguinte, foi obtida uma pontuação subjectiva média (SS) para cada sistema de fusão, utilizando o processo de decisão difícil acima referido.

A mesma preferência de decisão difícil e a correspondente atribuição de pontos também foram utilizadas utilizando a medida objetiva $Q_p^{AB/F}$. Ou seja, para um determinado par de entradas:

$Q_I^{AB/F} > Q_{II}^{AB/F}$, 1 ponto atribuído ao esquema I

$Q_I^{AB/F} < Q_{II}^{AB/F}$, 1 ponto atribuído ao esquema II

$Q_I^{AB/F} = Q_{II}^{AB/F}$, ½ ponto atribuído ao esquema I e ao esquema II

Este processo produziu uma pontuação objetiva média (OS).

Tabela 4.1. Comparação das pontuações objectivas médias por técnica de fusão de

imagens objectivas

Regimes	Pontuação objetiva média para a abordagem de corte gráfico	Pontuação objetiva média para a abordagem de corte de gráficos geodésicos
Esquema - I	7,755.82	25,5832.71
Regime - II	8,255.53	2,98,604.91
Regime - III	8,915.77	3,15,901.40
Desempenho do regime geral	5,018.44	2,30,813.99

A Tabela 4.1. mostra a comparação das pontuações objectivas médias pela técnica de fusão de imagens objectivas para a abordagem de corte gráfico geodésico e a abordagem de corte gráfico.

Os algoritmos Graph Cut e Geodesic Graph-cut produziram um volume de fígado com um elevado nível de sobreposição dado por um DSC médio de 96,17% ± 0,87 e de 95,49 ± 0,66, respetivamente. Os Graph Cuts alcançaram, por conseguinte, um DSC médio ligeiramente melhor, mas em nove casos sobre 25 (36%) os Geodesic Graph-cuts produziram uma segmentação da superfície do fígado com um DSC mais elevado do que o método Graph cuts. Os rácios de erro de classificação FPR e FNR foram equilibrados com valores baixos contemporâneos para ambas as abordagens automáticas. O algoritmo baseado no método Graph cuts gerou uma taxa de falsos alarmes (FPR = 3,35% ± 1,19) e uma taxa de não deteção (FNR = 3,87± 0,98) bastante iguais. Além disso, no conjunto de 25 casos, a distância média - erro foi igual a 2,38 mm ± 0,41 para o método dos cortes em gráfico, enquanto foi bastante melhor para o método dos cortes em gráfico geodésico com um valor de 2,19 mm ± 0,59. A Tabela 4.2. mostra a comparação das técnicas de segmentação da superfície do fígado.

Tabela 4.2. Comparação da segmentação da superfície do fígado

Parâmetros de desempenho	CORTE DE GRÁFICO		CORTE GRÁFICO GEODÉSICO	
	Média	Desvio padrão	Média	Desvio padrão
DSC	96.17%	0.87%	95.49%	0.66%
FNR	3.87%	0.98%	5.10%	1.65%
FPR	3.35%	1.19%	2.35%	0.91%
ERRO DE DISTÂNCIA	2,38 mm	0,41 mm	2,19 mm	0,59 mm

Entre os 52 tumores hepáticos diagnosticados em 25 doentes, o algoritmo de corte gráfico geodésico detectou 48 tumores, o que conduziu a uma taxa de deteção de 92,31%, enquanto o método de corte gráfico apenas detectou 44 tumores, para uma taxa de deteção de 84,62%. As diferenças entre os resultados produzidos pelos dois algoritmos automáticos foram realçadas por três métricas, conforme indicado na Tabela 4.3. Relativamente à sobreposição de volumes de tumores hepáticos, o algoritmo Geodesic Graph-cut forneceu um DSC médio de 88,65% ± 3,01, enquanto o método Graph cut alcançou um DSC médio inferior, igual a 87,10% ± 2,99. Em termos de erros de classificação, o algoritmo Geodesic Graph-cut apresentou novamente um FPR médio inferior ao do método Graph Cut (6,10% ± 2,52 contra 8,99% ± 3,95). No entanto, a taxa de não deteção foi a favor do método Graph cuts, uma vez que o seu FNR médio atingiu o valor de 8,97% ± 2,26, enquanto o Geodesic Graph-cuts obteve um FNR médio de 9,89% ± 2,93.

Tabela 4.3 Comparação da segmentação de tumores

Parâmetros de desempenho	CORTE DE GRÁFICO		CORTE GRÁFICO GEODÉSICO	
	Média	Desvio padrão	Média	Desvio padrão
DSC	87.10 %	2.99 %	88.65 %	3.01 %
FNR	8.97 %	2.26 %	9.89 %	2.93 %
FPR	8.99 %	3.95 %	6.10 %	2.52 %

A Tabela 4.4 mostra os tempos médios necessários para obter segmentações da superfície do fígado e do tumor hepático para ambos os métodos automáticos. Ambos os algoritmos foram executados num computador pessoal com uma velocidade de CPU de 3,4 GHz e 1 Gbyte de memória de acesso aleatório. Os valores indicados são o tempo médio necessário para uma única fatia; estes valores são normalizados em função do número de fatias para cada conjunto de dados específico processado. O algoritmo Geodesic Graph-cut produziu sempre uma segmentação mais rápida do que o algoritmo Graph cut, com um tempo médio de processamento por fatia igual a 10,9 s ± 1,1 e 11,5 s ± 1,1, respetivamente. Nestes valores de tempo está incluída a operação de filtragem por deslocamento médio, que representa a maior parte do tempo necessário, uma vez que é igual a uma média de 7,3 s ± 1,1 (Tabela 4.4).

Foram avaliados outros filtros de pré-processamento (convolução, filtro mediano ou médio, etc.), mas os resultados da segmentação não foram aceitáveis tendo em conta o objetivo deste estudo: processo totalmente automático, extracções precisas do fígado e dos tumores.

Tabela 4.4 Tempo de processamento (em segundos para um único corte de 512X512 píxeis)

Etapas de processamento	CORTE DE GRÁFICO		CORTE GRÁFICO GEODÉSICO	
	Média	Desvio padrão	Média	Desvio padrão
Filtro de deslocamento médio	7.310	1.014	7.310	1.014
Inicialização	0.861	0.046	0.699	0.023
Segmentação do fígado	1.505	0.196	1.009	0.096

Segmentação de tumores	1.796	0.128	1.945	0.308
Total	11.472	1.084	10.963	1.146

De entre os 52 tumores hepáticos diagnosticados em 25 doentes, o algoritmo Geodesic Graph-cut detectou 48 tumores, o que conduziu a uma taxa de deteção de 92,31%, enquanto o método Graph cut apenas detectou 44 tumores, para uma taxa de deteção de 84,62%. A segmentação automática do fígado pelo algoritmo Geodesic Graph-cut consegue incluir os tumores (por baixo da superfície) na segmentação do fígado. A razão é que os cortes gráficos geodésicos incluem informações contextuais vizinhas que permitem ultrapassar os limites entre os tumores ou os vasos e o parênquima hepático.

Ambas as técnicas automáticas proporcionaram uma segmentação da superfície do fígado altamente precisa em relação à imagem de referência definida como padrão de ouro. De facto, ambos os algoritmos atingiram valores bons bastante semelhantes para todas as métricas comparativas.

CAPÍTULO - 5

RESUMO E CONCLUSÃO

5.1 RESUMO

O método de inicialização adaptativa permite uma segmentação totalmente automática do fígado e dos tumores utilizando técnicas baseadas em contornos activos ou cortes de grafo. A ferramenta MATLAB 7.11.0 (R 2010b) é utilizada para implementar o trabalho proposto. Este estudo apresentou a implementação de duas técnicas de segmentação de fígado e tumores totalmente automáticas e a sua avaliação comparativa. O método de inicialização adaptativa descrito permitiu a segmentação totalmente automática da superfície do fígado com ambas as técnicas Geodesic Graph Cut e Graph-Cut, demonstrando a viabilidade de duas abordagens diferentes. A avaliação comparativa mostrou que o método de corte gráfico geodésico forneceu resultados superiores em termos de precisão e não apresentou as principais limitações descritas relacionadas com o método de corte gráfico. No trabalho anterior, a técnica de inicialização foi aplicada ao algoritmo Graph Cuts, demonstrando a robustez e a eficácia da segmentação automática do fígado.

Neste estudo, o método de inicialização foi alargado ao algoritmo de corte do gráfico geodésico, a fim de permitir a automatização total deste método e avaliar potenciais melhorias em relação a abordagens anteriores apresentadas automaticamente e, em seguida, à verdade fundamental. As mesmas abordagens de segmentação foram depois aplicadas também à segmentação de tumores do fígado. Embora existam algumas ligações teóricas entre a geometria discreta dos cortes de grafos geodésicos e a geometria integral e diferencial relacionada com a abordagem dos cortes de grafos, não podem ser negligenciadas diferenças importantes para a implementação de algoritmos e a avaliação comparativa dos resultados. Os métodos Graph Cuts representam uma metodologia estabelecida e foram previamente aplicados para fins de segmentação do fígado; em vez disso, as soluções da técnica Geodesic Graph-Cut permitem evitar mínimos locais, proporcionando robustez numérica e não utilizam quaisquer características de forma anterior que restringiriam demasiado as formas recuperáveis. O algoritmo Geodesic Graph-cut produz também melhores resultados de segmentação do que outros métodos totalmente automáticos encontrados na literatura, tanto em termos de precisão como de tempo de processamento.

5.2 CONCLUSÃO

O método de processamento de imagem proposto melhorará as visualizações 3D baseadas em TC computorizada, permitindo o diagnóstico não invasivo de tumores hepáticos. A abordagem imagiológica descrita pode também ser útil para a monitorização de resultados pós-operatórios através de avaliações volumétricas por TC. O tempo de processamento é uma caraterística importante para qualquer sistema de diagnóstico assistido por computador.

5.3 ÂMBITO DO ESTUDO FUTURO

- O principal objetivo é a redução do tempo necessário para a pré-filtragem da imagem através da utilização de computadores mais potentes.
- Os resultados satisfatórios obtidos na delineação de tumores podem ser explorados para futuras melhorias no que respeita à deteção de quistos.

REFERÊNCIAS

[1] Abdel-massieh.N.H., Hadhoud.M.M., and Moustafa.K.A.,(2010) "A fully automatic and efficient technique for liver segmentation from abdominal CT images," in Proc. 7th Int. Conf. Inform. Syst. (INFOS),pp. 1-8.

[2] Ben-Dan.I. e Shenhav.E.,(2008) "Liver Tumor segmentation in CT images using probabilistic methods," in Proc. 11th Int. Conf. Med. Image Comput. Comput. Intervenção Assistida por Computador, MICCAI'08, Nova Iorque, pp. 1-11.

[3] Boykov.Y. e Kolmogorov.V.,(2003) "Computing geodesics and minimal surfaces via graph-cuts," in *Proc. 4th Int. Conf. Comput. Vision,* Nice,pp. 26-33

[4] Grady.L.(2006) Passeios aleatórios para segmentação de imagens. IEEE Trans.PAMI, 28(11):1768-1783.vol.16, pp. 550-575

[5] Lim.S.J., Jeong.Y.Y., and Ho.Y.S.,(2006) "Automatic liver segmentation for volume measurement in CT images," J Vis. Commun. Image Represent., vol. 17, pp. 860-875.

[6] Guillermo Sapiro.G.(2007) "A geodesic framework for fast interactive image and video segmentation and matting". IEEE ICCV 2007, páginas 1-8.

[7] MalcolmJ., Rathi.Y., e Tannenbaum.A.(2007) Uma abordagem de corte de gráficos para segmentação de imagens no espaço tensorial. Em IEEE CVPR, páginas 50-65.

[8] Protiere.A. e Sapiro.G.(2007) Segmentação interactiva de imagens através de distâncias ponderadas adaptativas. IEEE Trans. Imag. Proc., 16(4):1046-1057.

[9] Schoenemann.T., Kahl.F., and Cremers.D.. (2009) Curvature regularity for region-based image segmentation and inpainting: Um relaxamento de programação linear. Em IEEE ICCV, páginas 1012-1024.

[10] Talbot.H. (2009) "Power Watersheds: Uma nova estrutura de segmentação de imagens que estende os cortes de gráficos, o caminhante aleatório e a floresta de extensão óptima". Em IEEE ICCV, páginas 196-253.

[11] Tamminen.M.(2000) "A general approach to connected-component labeling for arbitrary image representations," J. Assoc. Comput. Machinery, vol. 39, pp. 253280.

[12] Van Beers.B.E. (2005) "Liver segmentation in living liver transplant donors: Comparison of semiautomatic and manual methods," Radiology, vol. 234, pp. 171178.

[13] Verellen.D. (2008) "A (short) history of imageguided radiotherapy," Radiother. Oncol, vol. 86, pp. 4-13.

[14] Xu.C. (2008) "Snakes, shapes, and gradient vetor flow," IEEE Trans. Image Process, vol. 7, pp. 359-369.

[15] Yalcina.B., Richterc.G., Krausb.T., Buchlerb.M.W e Thorna.M.(2004) "Planeamento cirúrgico baseado em computador para doação de fígado em vida," Int Arch. Photogram Rem. Sens. Spatial Inform. Sci., vol.35, pp. 291-295.

[16] Yushkevich.P.A. (2006) "User-guided 3D active contour segmentation of anatomical structures: Significantly improved efficiency and reliability," Neuroimage, vol. 31, pp. 1116-1128, Jul. 2006.

[17] Zhao.B., Kijewski.P.K., Wang.L., and Schwartz.L.H.(2005) "Liver segmentation for CT images using GVF snake," Med. Phys., vol. 32, pp. 3699-3706.

[18] Zientkowska.M., Domeyer-Missbach.M. (2008) "Morphologic changes of mammary carcinomas in mice over time as monitored by flat-panel detetor volume computed tomography," Neoplasia, vol. 10, pp. 663-673.

[19] Zuna.J. and Schlegel.W. (2000) Usability of semiautomatic segmentation algorithm for tumor volume determination," Invest. Radiol, vol. 34, pp. 143-150.

Printed by Books on Demand GmbH, Norderstedt / Germany